◆分子シミュレーション講座◆

流体ミクロ・シミュレーション

新装版

神山新一・佐藤　明
［著］

朝倉書店

本書は，分子シミュレーション講座 第3巻『流体ミクロ・シミュレーション』（1997年刊行）を再刊行したものです．
本書で紹介したプログラムは，小社WEBサイト
http://www.asakura.co.jp/books/isbn/978-4-254-12693-8/
よりダウンロードできます．

まえがき

コロイド分散系に関する学問は新しいものではないが，機能・知能流体の開発の絡みで，広範な応用の可能性のある魅力ある流体として再認識されつつある．機能性を有する流体を創製する場合，ある条件下で機能を発揮する粒子を母液に懸濁しコロイド状態にすることによって，あたかも流体自身が機能を有するかのように振る舞う流体を創製することが可能である．このような発想に従って，磁場に反応する磁性流体や電場に反応するER流体またはエレクトロレオロジー流体が開発されるに至った次第である．さらに一歩進めて，種々の環境下であたかも環境条件を認識してその形状を巧みに変化させ，さらに種々の特徴的な運動を行って，自分よりも遥かに小さな径を有する毛細血管内を流れて行く赤血球を含む血液に代表されるような，知能流体とも呼ぶべき流体の創製の可能性も論議されている．

以上のような機能・知能流体の開発ならびに応用に際しては，微分方程式を数値解析法に従って解くという従来の手法では十分でなく，モンテカルロ法や分子動力学法で代表されるようなミクロな解析法に従って検討することが必要不可欠となる．著者らはこの「分子シミュレーション講座」の中で基礎編的な性格を有する第1巻「モンテカルロ・シミュレーション」と第2巻「分子動力学シミュレーション」で分子シミュレーションの基礎を十分に論じたが，本書はこのシリーズの中で応用編的な性格を有するものである．恐らくこの種の題材を主に取り扱った本は，国内外を問わず，ほとんどないものと著者らは理解している．分子シミュレーションの技法面の説明は前述の姉妹書 (第1巻，第2巻) で十分説明しているので，本書ではコロイド分散系のミクロ・シミュレーションにスポットを当てて詳述するように務めた．したがって，初期状態の設定や周期境界条件の処理などの技法面の基礎的部分はそれらの姉妹書を参照されたい.

本書は学部後半から大学院の学生の教科書・参考書ならびにこの種の題材に関心をお持ちの若手研究者の参考書として活用していただけるように書かれている. 特に読者に注意して頂きたい点は第3章の読み方である. この章に出てくる多くの数式は難解な数学的プロセスを経て得られたものであり, 本書では主に結果のみを整理して示している. というのは, この章の主題は応用数学的な側面が非常に強く, その導出過程は煩雑で難解な部分が多い. 数式の導出過程に主に興味のある読者は別として, 一般の読者が数式の導出過程に深入りし過ぎると, 数学という深い森の中で道に迷う恐れがある, と著者らは危惧している. シミュレーション法自体に多くの興味を有する読者は数式の意味することを理解し, 例えば, 粒子同士が十分離れた場合数式がどのように簡単化されるかなどの, 極限状態での物理現象との関連性を考察することに務めれば, 第3章を比較的容易に読み進めることができるものと著者らは考えている.

著者らは機械工学に関連する部局にて教育研究活動を行っているが, コロイド物理工学的な主題は恐らく知能流体創製と絡んで今後知能機械工学の分野の中で活発に展開されるのではないかと期待している. この種の主題は, マイクロマシンやミクロ流体工学さらには機能・知能材料に通じるものがあり, コロイド科学という学問体系の中に留まらず, 未来型の学問体系の中で複合的な学問分野を構成するものである. したがって, ミクロな解析法であるモンテカルロ法や分子動力学法ならびにこの書で取り扱っているストークス動力学法やブラウン動力学法は, 今後の新しい学問体系の中で, 非常に重要な意義を持つことになる.

本書を執筆するに当たり, 著者らのよき共同研究相手である英国ウェールズ大学 (バンゴー) 電子工学科の Prof.Chantrell ならびに Dr.Coverdale との研究討議から, 多くの有意義な点を得た. 特に佐藤の英国滞在中, Dr.Coverdale との数限りない研究討議から, 多くの疑問点が払拭され解決に至ったのを覚えている. 滞在費を援助して頂いたブリティッシュ・カウンシルも含めて, ここに付記して謝意を申し上げる次第である.

最後に, 原稿の TEX 入力に際して, 千葉大学工学部学生 溝江智徳君の助力を得た. また, 原稿の取りまとめに際しては, 東北大学流体科学研究所研究補

助員 千葉美由紀嬢の協力を得ている．さらに，出版に当たり，朝倉書店編集部にはたいへんお世話になった．ここに，厚くお礼申し上げる次第である．

1997年3月

神山新一
佐藤　明

目　　次

1

コロイド分散系のミクロ・シミュレーションとは

コロイド分散系 (colloidal dispersion) とは，母液 (分散媒) に他の物質が細かい粒子 (分散質) となって分散している溶液のことであるが，粒子の大きさは一般的に1 nm から10 μm のものを対象としている[1]．もし粒子が 1 nm よりも小さくなれば真の溶液に近づき，逆に粒子が 10 μm よりも大きければ，分散系はコロイド状態とは言えなくなる．この書ではコロイド分散系のシミュレーション法について論ずることを主たる目的としているので，コロイド科学全般のことは別の参考書を参照されたい[1~3]．また，コロイド粒子として，流れ場中で変形したりしない固体粒子を対象とするものとする．

コロイド分散系のミクロ・シミュレーション法は，大別すると次の三つの方法に分類できる．希釈でブラウン運動が無視できる場合，分子動力学的手法がそのまま適用できる．もし希釈な状態と見なすことができず，粒子間の流体力学的な相互作用を考慮する必要がある場合で，なおかつ，ブラウン運動が無視できる場合には，ストークス動力学法が用いられる．最後に粒子がミクロン・オーダーよりも十分小さくなるとブラウン運動が無視できなくなるので，この場合ブラウン動力学法が用いられる．以下において，これらの方法を概説する．

1.1 分子動力学法

コロイド分散系が十分希釈な場合，粒子間の流体力学的相互作用は近似的に無視できる．さらに，粒子のブラウン運動が無視できる場合には，系内の任意の粒子 i は次の運動方程式に従う．

$$m_i \frac{d^2 \boldsymbol{r}_i}{dt^2} = \boldsymbol{F}_i - \xi \boldsymbol{v}_i \tag{1.1}$$

ただし，ここでは球状粒子を仮定しており，m_iは粒子の質量，$\boldsymbol{r}_i$は粒子の位置ベクトル，$\boldsymbol{F}_i$は粒子 i に作用する外力と他の粒子からの力の和，ξは摩擦係数である．コロイド分散系の多くの流体問題の場合，式 (1.1) の左辺の慣性項は省略でき，結局次の式に帰着する．

$$\boldsymbol{v}_i = \boldsymbol{F}_i / \xi \tag{1.2}$$

したがって，適当な初期条件を与えれば，式 (1.2) より粒子の速度が求まり，さらに，$\boldsymbol{v}_i = d\boldsymbol{r}_i/dt$ の差分近似である次式を用いて，

$$\boldsymbol{r}_i(t + \Delta t) = \boldsymbol{r}_i(t) + \Delta t \boldsymbol{v}_i(t) \tag{1.3}$$

次の時間ステップでの粒子の位置を求めれば，粒子の運動を追跡することができる．これは正しく分子動力学的方法に他ならない．

1.2 ストークス動力学法

コロイド分散系が希釈でなくなるにつれ，粒子間の流体力学的相互作用が無視できなくなる．この場合，式 (1.2) の一般形として，次のように書ける．

$$\begin{bmatrix} \boldsymbol{F}_1 \\ \boldsymbol{F}_2 \\ \vdots \\ \boldsymbol{F}_N \end{bmatrix} = \eta \boldsymbol{R} \begin{bmatrix} \boldsymbol{v}_1 \\ \boldsymbol{v}_2 \\ \vdots \\ \boldsymbol{v}_N \end{bmatrix} \tag{1.4}$$

ここに，Nは系の粒子数，ηは母液の粘度，$\boldsymbol{R}$は抵抗行列で粒子間の流体力学的相互作用を特徴づける抵抗テンソルで構成される．また，$\boldsymbol{R}$は一般に粒子の位置にのみ依存する量なので，$\boldsymbol{R}$の逆行列$\boldsymbol{R}^{-1}$を求めて式 (1.4) の両辺に掛ければ，各粒子の速度が求まり，次の時間ステップでの粒子の位置を式 (1.3) から

得ることができる．このように，ブラウン運動は無視するが，粒子間の流体力学的相互作用は考慮に入れたシミュレーション法をストークス動力学法という．

1.3　ブラウン動力学法

物理現象としての粒子のブラウン運動は，紛れもなく溶媒分子によって引き起こされる．一般に溶媒分子はコロイド粒子よりも遥かに小さいので，溶媒分子の運動に合わせたシミュレーションを行うことは，計算時間の観点からすると，非常に非現実的なものになってしまう．そこでブラウン運動を確率的な方法で粒子の運動方程式に組み込むことで，溶媒分子を連続体として取り扱う方法が取られる．代表的な方程式として，次に示すランジュバン方程式がある．

$$m_i \frac{d^2 \boldsymbol{r}_i}{dt^2} = \boldsymbol{F}_i - \xi \boldsymbol{v}_i + \boldsymbol{F}_i^B \tag{1.5}$$

この式の$\boldsymbol{F}_i^B$が粒子のブラウン運動を引き起こすランダム力で，確率的な性質を有する．式 (1.5) のような確率的な項を有するブラウン粒子の支配方程式を基に，粒子の運動を追跡していく方法をブラウン動力学法という．以上の例では希釈コロイド分散系の場合を述べたが，より現実的な粒子間の流体力学的相互作用を考慮したブラウン動力学法は，より高度なブラウン動力学アルゴリズムを与えることになる．

文　　献

1) W.B. Russel, et al., “Colloidal Dispersions”, Cambridge University Press, Cambridge (1989).
2) T.G.M. van de Ven, “Colloidal Hydrodynamics”, Academic Press, London (1989).
3) 立花太郎・ほか 6 名，“コロイド化学”，共立出版 (1981).

2

流れ場の支配方程式

2.1　ストークス方程式

コロイド分散系の母液が圧縮性を有さず，ニュートン流体と見なすことができるならば，流体の運動は次式に示すナビエ・ストークス方程式 (Navier-Stokes equation) で表すことができる[1)].

$$\rho\left\{\frac{\partial \boldsymbol{u}}{\partial t}+(\boldsymbol{u}\cdot\nabla)\boldsymbol{u}\right\}=-\nabla p+\eta\nabla^2\boldsymbol{u} \tag{2.1}$$

ここに，ρは液体 (母液) の密度，$\boldsymbol{u}$は速度ベクトル，pは圧力，ηは粘度である．この方程式と質量保存則である連続の式，

$$\nabla\cdot\boldsymbol{u}=0 \tag{2.2}$$

を用いれば，適当な初期条件と境界条件の下で，流れ場を完全に記述することができる．

さて，多くのコロイド分散系の流体問題の場合，式 (2.1) の左辺の慣性項は無視でき，次式のストークス方程式 (Stokes equation) に帰着する．

$$\nabla p=\eta\nabla^2\boldsymbol{u} \tag{2.3}$$

この方程式と連続の式 (2.2) が流れ場を解くのに用いられ，その結果コロイド粒子に作用する流体力を求めることができる．式 (2.3) と (2.2) からわかるように，時間 t による偏微分項が含まれていない．したがって，解の時間への依存性は境界条件 (粒子の運動) を通して現れることになる．もう一つの特徴は，式

(2.3) が線形偏微分方程式であることである．これは厳密解を解析的に求めることが原理的に可能なことを示している．

ストークス方程式がナビエ・ストークス方程式の慣性項を省略することで得られることは既に述べた．したがって，どのような条件下で慣性項が省略できるかを次に示す．物理現象を支配する方程式は，数値解析的手法を念頭においた場合，有次元量のままで解かれることは少なく，無次元化された方程式が解かれるのが一般的である．例えば，一様流中に置かれた球まわりの流れを考えた場合，球の直径を長さの基準に，一様流速を速度の基準に取って諸量を無次元化する．一般的には，速度の代表値を U，長さを L として，式 (2.1) を無次元化すると次のようになる．

$$\frac{\partial \boldsymbol{u}^*}{\partial t^*} + (\boldsymbol{u}^* \cdot \nabla^*)\boldsymbol{u}^* = \frac{1}{Re}(-\nabla^* p^* + \nabla^{*2}\boldsymbol{u}^*) \tag{2.4}$$

ここに，上付き添字*の付いた量は無次元量で，時間は (L/U) にて，圧力は $(\eta U/L)$ にて無次元化されている．式 (2.4) の右辺の無次元数 $Re(=\rho UL/\eta)$ をレイノルズ数 (Reynolds number) と呼び，流体力学の分野では非常に重要な役割を果たす無次元数である．もし無次元量のみで物理現象を考えた場合，ρ, U, L, ηのどのような値に対しても，Re が等しければ流れ場の解は等しくなる．式 (2.4) から明らかなように，$Re \ll 1$のときナビエ・ストーク方程式の慣性項は省略でき，ストークス方程式に帰着する．

2.2 線 形 流 れ 場

コロイド分散系のミクロ・シミュレーションの場合，線形流れ場 (linear flow field) を与えて，コロイド粒子の挙動やレオロジー特性を調べることが通常である．流れ場の任意の位置ベクトルを$\boldsymbol{r}$とすれば，線形流れ場の一般的な式は次式で表される．

$$\boldsymbol{u}(\boldsymbol{r}) = \boldsymbol{u}_0 + \boldsymbol{r} \cdot \boldsymbol{\Gamma} \tag{2.5}$$

ここに，$\boldsymbol{u}_0$は一様流を表し，$\boldsymbol{\Gamma}$は定数値をその成分に有する速度勾配テンソル (velocity gradient tensor) で，次のように書ける．

$$\boldsymbol{\Gamma} = \nabla \boldsymbol{u} = \begin{bmatrix} \partial u_x/\partial x & \partial u_y/\partial x & \partial u_z/\partial x \\ \partial u_x/\partial y & \partial u_y/\partial y & \partial u_z/\partial y \\ \partial u_x/\partial z & \partial u_y/\partial z & \partial u_z/\partial z \end{bmatrix} \tag{2.6}$$

ここに，$\boldsymbol{r} = (x, y, z), \boldsymbol{u} = (u_x, u_y, u_z)$ である．

式 (2.5) は次のように考えると理解しやすい．流れ場を任意の点$\boldsymbol{r}_0$のまわりにテイラー級数展開すると，次のようになる．

$$\boldsymbol{u}(\boldsymbol{r}) = \boldsymbol{u}(\boldsymbol{r}_0) + (\boldsymbol{r} - \boldsymbol{r}_0) \cdot \nabla \boldsymbol{u}(\boldsymbol{r}_0) + \cdots \tag{2.7}$$

この式で$\boldsymbol{r}$の線形項だけを残すと式 (2.5) が得られる．

さて，次の定義式で示す回転角速度ベクトル$\boldsymbol{\Omega}$と変形速度テンソル (rate of strain tensor)$\boldsymbol{E}$を用いると，

$$\boldsymbol{\Omega} = \frac{1}{2} \nabla \times \boldsymbol{u}\ , \quad \boldsymbol{E} = \frac{1}{2}(\boldsymbol{\Gamma} + \boldsymbol{\Gamma}^t) = \frac{1}{2}\left\{\nabla \boldsymbol{u} + (\nabla \boldsymbol{u})^t\right\} \tag{2.8}$$

式 (2.5) は次のようにも表せる．

$$\boldsymbol{u}(\boldsymbol{r}) = \boldsymbol{u}_0 + \boldsymbol{\Omega} \times \boldsymbol{r} + \boldsymbol{E} \cdot \boldsymbol{r} \tag{2.9}$$

ただし，式 (2.8) において上付き添字 t は転置テンソルを意味する．また，変形速度テンソルとして係数 1/2 を含まない定義法もあるが，本書では上記の定義法を用いる．式 (2.5) および (2.9) を具体例に基づいてもう少し詳しく見てみる．いま，図 2.1 に示すような，x 軸方向に流れる，ずり速度$\dot{\gamma}$の単純せん断流 (simple shear flow) を考える．この場合，流れ場が次のように表せることは容易にわかる．

$$\boldsymbol{u}(\boldsymbol{r}) = u_0 \begin{bmatrix} 1 \\ 0 \\ 0 \end{bmatrix} + \dot{\gamma} \begin{bmatrix} 0 & 1 & 0 \\ 0 & 0 & 0 \\ 0 & 0 & 0 \end{bmatrix} \begin{bmatrix} x \\ y \\ z \end{bmatrix} \tag{2.10}$$

この流れ場から，$\boldsymbol{\Omega}$と$\boldsymbol{E}$を求めると，次のようになる．

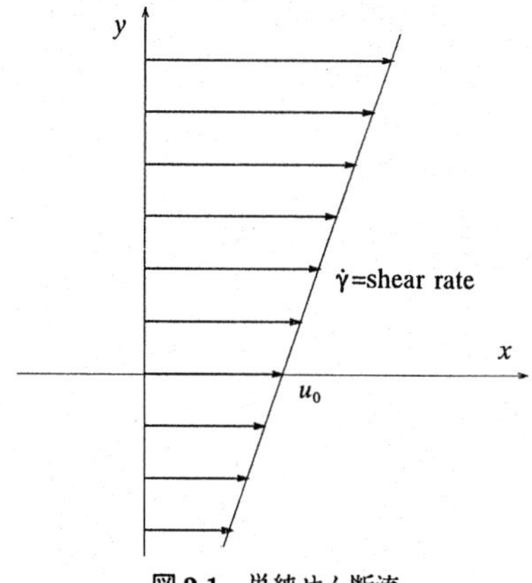

図 2.1　単純せん断流

$$\boldsymbol{\Omega} = -\frac{\dot{\gamma}}{2}\begin{bmatrix} 0 \\ 0 \\ 1 \end{bmatrix}, \quad \boldsymbol{E} = \frac{\dot{\gamma}}{2}\begin{bmatrix} 0 & 1 & 0 \\ 1 & 0 & 0 \\ 0 & 0 & 0 \end{bmatrix} \tag{2.11}$$

ゆえに，式 (2.9) を用いて，式 (2.10) は次のようにも表せる．

$$\boldsymbol{u}(\boldsymbol{r}) = u_0\begin{bmatrix} 1 \\ 0 \\ 0 \end{bmatrix} - \frac{\dot{\gamma}}{2}\begin{bmatrix} 0 \\ 0 \\ 1 \end{bmatrix} \times \begin{bmatrix} x \\ y \\ z \end{bmatrix} + \frac{\dot{\gamma}}{2}\begin{bmatrix} 0 & 1 & 0 \\ 1 & 0 & 0 \\ 0 & 0 & 0 \end{bmatrix}\begin{bmatrix} x \\ y \\ z \end{bmatrix} \tag{2.12}$$

2.3　粒子が流体に作用する力とトルクおよび応力極

ニュートン流体の場合，応力テンソル (stress tensor)$\boldsymbol{\tau}$は次のように表される[2)]．

$$\boldsymbol{\tau} = -p\boldsymbol{I} + \eta\{\nabla\boldsymbol{u} + (\nabla\boldsymbol{u})^t\} \tag{2.13}$$

ここに$\boldsymbol{I}$は単位テンソルである．粒子が流体に懸濁された場合，流体が粒子に作用する力とトルクは，式 (2.13) で表された応力テンソルを用いて表すことができる．議論の簡単化のために，球状粒子や回転楕円体などの簡単な粒子を考えると，粒子の運動は粒子の並進運動と重心まわりの回転運動に分解できる．粒子の運動によって粒子がまわりの流体に作用する力$\boldsymbol{F}$とトルク$\boldsymbol{T}$は，粒子の重心の位置ベクトルを$\boldsymbol{r}_c$とすれば，次のように書ける．

$$\boldsymbol{F} = -\int_{S_p} (\boldsymbol{n}\cdot\boldsymbol{\tau})\,dA \tag{2.14}$$

$$\boldsymbol{T} = -\int_{S_p} (\boldsymbol{r}-\boldsymbol{r}_c)\times(\boldsymbol{n}\cdot\boldsymbol{\tau})\,dA \tag{2.15}$$

ただし，上式の積分は粒子表面S_pに対して行うとし，$\boldsymbol{\tau}$と$\boldsymbol{n}$はそれぞれ粒子表面の位置$\boldsymbol{r}$での応力テンソルと粒子表面に垂直な外向きに取った単位ベクトルである．

次章で見るように，球状粒子が流れ場の局所的流速で移動し，さらに局所的角速度で回転する場合，粒子は流体に対して力もトルクも及ぼさない．したがって，この場合，粒子の存在は流れ場に対してなんらの影響も及ぼさないと言えるのだろうか．アインシュタインは粒子が流体に懸濁された場合の流体の見掛け粘度η^{eff}を次のように導いた[3]．

$$\eta^{eff} = \eta_s\left(1+\frac{5}{2}\phi_v\right) \tag{2.16}$$

ここに，η_sは粒子が懸濁される前の流体の粘度，ϕ_vは粒子の体積分率である．以上からわかるように，粒子が流体に及ぼす影響は，力とトルクの評価では不十分であり，次式で示す応力極 (stresslet) と呼ばれる 2 階のテンソル量$\boldsymbol{S}$も評価する必要がある．

$$\boldsymbol{S} = -\frac{1}{2}\int_{S_p}\left\{(\boldsymbol{r}-\boldsymbol{r}_c)(\boldsymbol{n}\cdot\boldsymbol{\tau}) + (\boldsymbol{n}\cdot\boldsymbol{\tau})(\boldsymbol{r}-\boldsymbol{r}_c) - \frac{2}{3}(\boldsymbol{n}\cdot\boldsymbol{\tau})\cdot(\boldsymbol{r}-\boldsymbol{r}_c)\boldsymbol{I}\right\}dA \tag{2.17}$$

第 3 章で明らかになるように，トルクは流体の局所的な角速度と粒子の角速度の差に起因して生じるが，たとえ角速度が一致しても，粒子表面上の速度が粒子挿入前の流れ場の速度と粒子表面のすべてにわたって一致するものではない．このような粒子の有限性による効果が応力極によって表現できるのである．トルク$\boldsymbol{T}$と応力極$\boldsymbol{S}$との関係を導出過程よりもう少し詳しく見てみる．

いま，式 (2.14) の拡張として$\boldsymbol{G}$を次のように定義する．

$$\boldsymbol{G} = -\int_{S_p} (\boldsymbol{n}\cdot\boldsymbol{\tau})(\boldsymbol{r}-\boldsymbol{r}_c)\,dA \tag{2.18}$$

ここで，$\boldsymbol{G}$の対角成分は力学的に重要ではないので，この成分を次式で示すような形で除いたテンソルを，対称テンソル$\boldsymbol{H}^s$と交代テンソル$\boldsymbol{H}^a$で表すと，

$$\boldsymbol{G} - \frac{1}{3}(G_{11}+G_{22}+G_{33})\boldsymbol{I} = \boldsymbol{H}^s + \boldsymbol{H}^a \tag{2.19}$$

ここに，

$$\begin{aligned}\boldsymbol{H}^s = &-\frac{1}{2}\int_{S_p} \{(\boldsymbol{n}\cdot\boldsymbol{\tau})(\boldsymbol{r}-\boldsymbol{r}_c)+(\boldsymbol{r}-\boldsymbol{r}_c)(\boldsymbol{n}\cdot\boldsymbol{\tau})\}\,dA\\ &+\frac{1}{3}\int_{S_p}(\boldsymbol{n}\cdot\boldsymbol{\tau})\cdot(\boldsymbol{r}-\boldsymbol{r}_c)\boldsymbol{I}\,dA\end{aligned} \tag{2.20}$$

$$\boldsymbol{H}^a = -\frac{1}{2}\int_{S_p} \{(\boldsymbol{n}\cdot\boldsymbol{\tau})(\boldsymbol{r}-\boldsymbol{r}_c)-(\boldsymbol{r}-\boldsymbol{r}_c)(\boldsymbol{n}\cdot\boldsymbol{\tau})\}\,dA \tag{2.21}$$

$\boldsymbol{H}^s$は正しく応力極$\boldsymbol{S}$に等しいことがわかる．一方，付録 A1 を参考にして，$\boldsymbol{H}^a$を次のように変形すると，

$$\begin{aligned}\boldsymbol{\varepsilon}:\boldsymbol{H}^a &= -\frac{1}{2}\int_{S_p}\{\boldsymbol{\varepsilon}:(\boldsymbol{n}\cdot\boldsymbol{\tau})(\boldsymbol{r}-\boldsymbol{r}_c)-\boldsymbol{\varepsilon}:(\boldsymbol{r}-\boldsymbol{r}_c)(\boldsymbol{n}\cdot\boldsymbol{\tau})\}\,dA\\ &= -\frac{1}{2}\int_{S_p}\{(\boldsymbol{r}-\boldsymbol{r}_c)\times(\boldsymbol{n}\cdot\boldsymbol{\tau})-(\boldsymbol{n}\cdot\boldsymbol{\tau})\times(\boldsymbol{r}-\boldsymbol{r}_c)\}\,dA\\ &= -\int_{S_p}(\boldsymbol{r}-\boldsymbol{r}_c)\times(\boldsymbol{n}\cdot\boldsymbol{\tau})\,dA\end{aligned} \tag{2.22}$$

となり，$\boldsymbol{T} = \boldsymbol{\varepsilon} : \boldsymbol{H}^a$となることがわかる．このように，式 (2.18) で表した$(\boldsymbol{r}-\boldsymbol{r}_c)$に関する一次のモーメントが応力極とトルクを与えることになる．

なお，任意のベクトル$\boldsymbol{a}, \boldsymbol{b}$に対して，次の関係式が成り立つので，

$$\boldsymbol{\varepsilon}\cdot(\boldsymbol{a}\times\boldsymbol{b}) = \boldsymbol{\varepsilon}\cdot(\boldsymbol{\varepsilon}:\boldsymbol{ba}) = \boldsymbol{ab}-\boldsymbol{ba} \tag{2.23}$$

$\boldsymbol{H}^a$はトルク$\boldsymbol{T}$を用いて次のようにも表せる．

$$\boldsymbol{H}^a = -\frac{1}{2}\int_{S_p}\boldsymbol{\varepsilon}\cdot\{(\boldsymbol{n}\cdot\boldsymbol{\tau})\times(\boldsymbol{r}-\boldsymbol{r}_c)\}\,dA = -\frac{1}{2}\boldsymbol{\varepsilon}\cdot\boldsymbol{T} \tag{2.24}$$

文　　　献

1) 伊藤英覚・本田　睦, "流体力学", 丸善 (1981).
2) R.B. Bird, et al., "Dynamics of Polymeric Liquids, Vol.1, Fluid Mechanics", John Wiley & Sons, New York (1977).
3) A. Einstein, "A New Determination of Molecular Dimensions", Ann. Phys., 19(1906), 289.

3

粒子単体または2個の粒子が流体中を運動する場合の理論

流れ場中を粒子が運動する場合，流れ場はその粒子の運動によって影響を受ける．すなわち，粒子が存在しない場合の流れ場は，粒子が存在する場合のそれとは異なる．粒子を含んだ系の流れ場は，レイノルズ数が $Re \ll 1$ に対しては，先に式 (2.3) で示したストークス方程式と式 (2.2) の連続の式を用い，かつ球表面上の速度の連続性と無限遠での条件を用いて，解析的に求めることができる．

2個の粒子が流体中を運動する場合のストークス方程式の解法としては，multipole expansion 法などがあるが，ストークス方程式を解くことは応用数学的側面が非常に強く，この書で扱うのは適当でない．興味ある読者はそれ自体を扱った適当な参考書[1)]を参照されたい．したがって，ここではコロイド分散系のミクロ・シミュレーションに必要な諸式を簡潔に示していくことにする．なお，この章では特に断らない限り，粒子を系に挿入する前の流れ場として，式 (2.5) もしくは (2.9) で示した線形流れ場を仮定して，議論を進めることにする．

3.1　粒子単体が運動する場合

3.1.1　球 状 粒 子

静止流体中を球状粒子が速度 $\boldsymbol{v}$ で運動する場合，式 (2.3) と (2.2) から，流れ場が容易に得られる．この流れ場の解から，粒子が流体に及ぼす力 $\boldsymbol{F}$ と粒子の速度との関係が容易に求まる．この関係式はストークスの抵抗法則 (Stokes' drag formula) としてよく知られており，次のとおりである[2)]．

$$\boldsymbol{F} = 6\pi\eta a \boldsymbol{v} \tag{3.1}$$

ここに，ηは流体の粘度，a は粒子の半径である．

次に，原点を中心に角速度$\boldsymbol{\Omega}$で回転している流れ場中に，粒子を原点に置いた場合を考える．粒子が流体に対してトルク$\boldsymbol{T}$を及ぼしているとすれば，粒子の角速度$\boldsymbol{\omega}$とトルク$\boldsymbol{T}$は次の関係式で表される[3)]．

$$\boldsymbol{T} = 8\pi\eta a^3(\boldsymbol{\omega} - \boldsymbol{\Omega}) \tag{3.2}$$

したがって，粒子が流体に対してなんらのトルクも及ぼさなければ，粒子は粒子挿入前の流体の角速度で回転することになる．

以上では，別々の流れ場を仮定して，式 (3.1) と (3.2) の関係式を示したが，式 (2.9) の線形流れ場に対して，これらの関係式がそのまま成り立つことを指摘しておく．

3.1.2　回 転 楕 円 体

回転楕円体は，粒子モデルとして球についで非常に有用なモデルである．極限状態を考えれば，非常に細長い回転楕円体は針状粒子のモデルとして，非常に偏平な回転楕円体はディスク状粒子のモデルとして用いることが可能である．以下においては，今までに得られた結果[1)]を簡潔に示していく．

a.　細長回転楕円体

図 3.1(a) に示すように，長径 (長軸の長さ)$2a$ および短径 (短軸の長さ)$2b$ の楕円体を長軸まわりに回転させて作った回転楕円体の粒子を考える．読者の混乱を避けるために，式 (2.9) で示した粒子挿入前の線形流れ場を大文字の$\boldsymbol{U}$で表すことにする．すなわち，

$$\boldsymbol{U}(\boldsymbol{r}) = \boldsymbol{U}_0 + \boldsymbol{\Omega} \times \boldsymbol{r} + \boldsymbol{E} \cdot \boldsymbol{r} \tag{3.3}$$

粒子の方向を表す単位ベクトルを$\boldsymbol{e}$とし，粒子の速度を$\boldsymbol{v}$，角速度を$\boldsymbol{\omega}$で表し，さらに粒子が流体に及ぼす力を$\boldsymbol{F}$，トルクを$\boldsymbol{T}$，応力極を$\boldsymbol{S}$とすれば，これらの量の関係は次のように表すことができる．

$$\boldsymbol{F} = 6\pi\eta a \left\{ X^A \boldsymbol{ee} + Y^A (\boldsymbol{I} - \boldsymbol{ee}) \right\} \cdot (\boldsymbol{v} - \boldsymbol{U}) \tag{3.4}$$

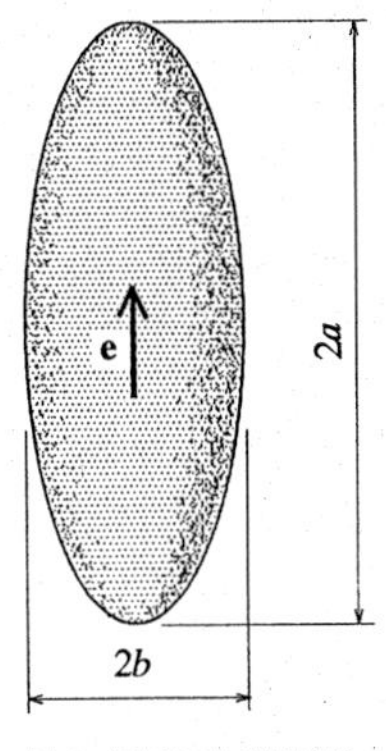

(a) 細長回転楕円体

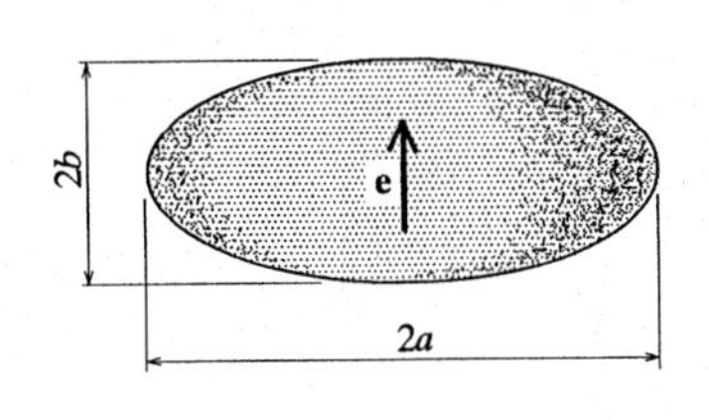

(b) 偏平回転楕円体

図 3.1　回転楕円体 ($s = (a^2 - b^2)^{1/2}/a$)

$$\boldsymbol{T} = 8\pi\eta a^3 \left\{ X^C \boldsymbol{ee} + Y^C (\boldsymbol{I} - \boldsymbol{ee}) \right\} \cdot (\boldsymbol{\omega} - \boldsymbol{\Omega}) + 8\pi\eta a^3 Y^H (\boldsymbol{\varepsilon} \cdot \boldsymbol{ee}) : \boldsymbol{E} \tag{3.5}$$

$$\boldsymbol{S} = -\frac{20}{3}\pi\eta a^3 \left\{ X^K \boldsymbol{e}^{(0)} + Y^K \boldsymbol{e}^{(1)} + Z^K \boldsymbol{e}^{(2)} \right\} : \boldsymbol{E} + \frac{20}{3}\pi\eta a^3 \frac{3}{5} Y^H \left[\{\boldsymbol{\varepsilon} : \boldsymbol{e}(\boldsymbol{\omega} - \boldsymbol{\Omega})\} \boldsymbol{e} + \boldsymbol{e} \{\boldsymbol{\varepsilon} : \boldsymbol{e}(\boldsymbol{\omega} - \boldsymbol{\Omega})\} \right] \tag{3.6}$$

ここに，$\boldsymbol{\varepsilon}$は 3 階のテンソルで，その成分$\varepsilon_{ijk} (i, j, k = 1, 2, 3)$ は付録 A1 の式 (A1.10) で示したとおりである．また，$\boldsymbol{ee}$はディアディック積と呼ばれる 2 階のテンソルで，その ij成分は $e_i e_j$であり，さらに例えば 3 階のテンソル$\boldsymbol{\sigma}$と 2 階のテンソル$\boldsymbol{A}$との演算$\boldsymbol{\sigma} : \boldsymbol{A}$は 1 階のテンソルとなる．これらの公式は付録 A1 に示してあるので，そちらを参照されたい．さらに，$\boldsymbol{e}^{(0)}, \boldsymbol{e}^{(1)}, \boldsymbol{e}^{(2)}$は 4 階のテンソル量であり，次に示すとおりである．

$$\left.\begin{aligned}
e^{(0)}_{ijkl} &= \frac{3}{2}\left(e_i e_j - \frac{1}{3}\delta_{ij}\right)\left(e_k e_l - \frac{1}{3}\delta_{kl}\right) \\
e^{(1)}_{ijkl} &= \frac{1}{2}(e_i e_k \delta_{jl} + e_j e_k \delta_{il} + e_i e_l \delta_{jk} + e_j e_l \delta_{ik} - 4 e_i e_j e_k e_l) \\
e^{(2)}_{ijkl} &= \frac{1}{2}(\delta_{ik}\delta_{jl} + \delta_{jk}\delta_{il} - \delta_{ij}\delta_{kl} + e_i e_j \delta_{kl} + e_k e_l \delta_{ij} - e_i e_k \delta_{jl} \\
&\qquad - e_j e_k \delta_{il} - e_i e_l \delta_{jk} - e_j e_l \delta_{ik} + e_i e_j e_k e_l)
\end{aligned}\right\} \tag{3.7}$$

ここにδ_{ij}等はクロネッカーのデルタである．以上では，表記の簡単化のために各軸方向成分を表す添字としてi, j, k, lの記号を用いたが，例えば$i=1$はx軸方向成分を，$i=2$はy軸方向成分を意味する．

さて，式(3.4)〜(3.6)に現れた$X^A, Y^A, X^C, Y^C, Y^H, X^K, Y^K, Z^K$は抵抗関数(resistance function)と呼ばれ，粒子の幾何学形状にのみ依存する定数である．離心率を$s(=(a^2-b^2)^{1/2}/a)$の記号を用いて表すと，抵抗関数は次のように書ける．

$$\left.\begin{aligned} X^A &= \frac{8}{3}\cdot\frac{s^3}{-2s+(1+s^2)L} \\ Y^A &= \frac{16}{3}\cdot\frac{s^3}{2s+(3s^2-1)L} \end{aligned}\right\} \tag{3.8}$$

$$\left.\begin{aligned} X^C &= \frac{4}{3}\cdot\frac{s^3(1-s^2)}{2s-(1-s^2)L} \\ Y^C &= \frac{4}{3}\cdot\frac{s^3(2-s^2)}{-2s+(1+s^2)L} \end{aligned}\right\} \tag{3.9}$$

$$Y^H = \frac{4}{3}\cdot\frac{s^5}{-2s+(1+s^2)L} \tag{3.10}$$

$$\left.\begin{aligned} X^K &= \frac{8}{15}\cdot\frac{s^5}{(3-s^2)L-6s} \\ Y^K &= \frac{4}{5}\cdot\frac{s^5\left\{2s(1-2s^2)-(1-s^2)L\right\}}{\left\{2s(2s^2-3)+3(1-s^2)L\right\}\left\{-2s+(1+s^2)L\right\}} \\ Z^K &= \frac{16}{5}\cdot\frac{s^5(1-s^2)}{3(1-s^2)^2L-2s(3-5s^2)} \end{aligned}\right\} \tag{3.11}$$

ただしLはsの関数で，次のとおりである．

$$L = L(s) = \ln\left\{(1+s)/(1-s)\right\} \tag{3.12}$$

もし$\boldsymbol{e}=(1,0,0)$ならば，式(3.4)および(3.5)は，それぞれ次のようになる．

$$\begin{bmatrix} F_x \\ F_y \\ F_z \end{bmatrix} = 6\pi\eta a \begin{bmatrix} X^A(v_x-U_x) \\ Y^A(v_y-U_y) \\ Y^A(v_z-U_z) \end{bmatrix} \tag{3.13}$$

$$\begin{bmatrix} T_x \\ T_y \\ T_z \end{bmatrix} = 8\pi\eta a^3 \begin{bmatrix} X^C(\omega_x - \Omega_x) \\ Y^C(\omega_y - \Omega_y) \\ Y^C(\omega_z - \Omega_z) \end{bmatrix} + 8\pi\eta a^3 Y^H \begin{bmatrix} 0 \\ E_{13} \\ -E_{12} \end{bmatrix} \tag{3.14}$$

式 (3.13) からわかるように，回転楕円体の運動はその長軸方向の運動とそれに垂直な 2 軸方向の運動に分解して論ずることができる．回転運動の場合も同様のことが言える．

次に抵抗関数の漸近値を示す．$s \to 0$ に対して回転楕円体は球に漸近するが，$s \ll 1$ とした場合の抵抗関数値は次のとおりである．

$$\left.\begin{aligned} X^A &= 1 - \frac{2}{5}s^2 - \frac{17}{175}s^4 + \cdots \\ Y^A &= 1 - \frac{3}{10}s^2 - \frac{57}{700}s^4 + \cdots \end{aligned}\right\} \tag{3.15}$$

$$\left.\begin{aligned} X^C &= 1 - \frac{6}{5}s^2 + \frac{27}{175}s^4 + \cdots \\ Y^C &= 1 - \frac{9}{10}s^2 + \frac{18}{175}s^4 + \cdots \end{aligned}\right\} \tag{3.16}$$

$$Y^H = \frac{1}{2}s^2 - \frac{1}{5}s^4 + \cdots \tag{3.17}$$

$$\left.\begin{aligned} X^K &= 1 - \frac{6}{7}s^2 + \frac{1}{49}s^4 + \cdots \\ Y^K &= 1 - \frac{13}{14}s^2 + \frac{44}{735}s^4 + \cdots \\ Z^K &= 1 - \frac{8}{7}s^2 + \frac{17}{147}s^4 + \cdots \end{aligned}\right\} \tag{3.18}$$

これらの式において $s = 0$ とすれば，式 (3.4) と (3.5) がそれぞれ式 (3.1) と (3.2) に等しくなることは明らかである．

一方，$s \to 1$ に対しては回転楕円体は針状粒子に漸近する．$\xi = (1-s^2)^{1/2} (\ll 1)$ および $P = \{\ln(2/\xi)\}^{-1}$ なる記号を用いると，抵抗関数の値は次のように表される．

$$\left.\begin{aligned} X^A &= \frac{4P}{6-3P} - \frac{(8-6P)P}{12-12P+3P^2}\xi^2 + \cdots \\ Y^A &= \frac{8P}{6+3P} - \frac{4P^2}{12+12P+3P^2}\xi^2 + \cdots \end{aligned}\right\} \tag{3.19}$$

$$\left.\begin{aligned} X_C &= \frac{2}{3}\xi^2 + \frac{2-2P}{3P}\xi^4 + \cdots \\ Y_C &= \frac{2P}{6-3P} + \frac{P^2}{12-12P+3P}\xi^2 + \cdots \end{aligned}\right\} \tag{3.20}$$

$$Y_H = \frac{2P}{6-3P} - \frac{(8-5P)P}{12-12P+3P^2}\xi^2 + \cdots \tag{3.21}$$

$$\left.\begin{aligned} X^K &= \frac{4P}{30-45P} - \frac{(24-26P)P}{60-180P+135P^2}\xi^2 + \cdots \\ Y^K &= \frac{2P}{10-5P} + \frac{16-32P+13P^2}{20-20P+5P^2}\xi^2 + \cdots \\ Z^K &= \frac{4}{5}\xi^2 + \frac{2}{5}\xi^4 + \cdots \end{aligned}\right\} \tag{3.22}$$

したがって，これらの結果を式 (3.14) に当てはめると，粒子が針状粒子に近づくにしたがって，軸まわりの回転運動がまわりの流体に及ぼす影響が小さくなる結果を与えることがわかる．

最後に式 (3.4) と (3.5) を変形して，速度 $(\boldsymbol{v}-\boldsymbol{U})$ と角速度 $(\boldsymbol{\omega}-\boldsymbol{\Omega})$ がそれぞれ力$\boldsymbol{F}$とトルク$\boldsymbol{T}$を用いてどのように表されるかを示す．式 (3.4) の両辺に，

$$(6\pi\eta a)^{-1}\left\{(X^A)^{-1}\boldsymbol{ee} + (Y^A)^{-1}(\boldsymbol{I}-\boldsymbol{ee})\right\} \tag{3.23}$$

を掛けて整理すれば，次式を得る．

$$\boldsymbol{v}-\boldsymbol{U} = (6\pi\eta a)^{-1}\left\{(X^A)^{-1}\boldsymbol{ee} + (Y^A)^{-1}(\boldsymbol{I}-\boldsymbol{ee})\right\}\cdot\boldsymbol{F} \tag{3.24}$$

類似の処理を式 (3.5) に施せば，

$$\begin{aligned} \boldsymbol{\omega}-\boldsymbol{\Omega} &= (8\pi\eta a^3)^{-1}\left\{(X^C)^{-1}\boldsymbol{ee} + (Y^C)^{-1}(\boldsymbol{I}-\boldsymbol{ee})\right\}\cdot\boldsymbol{T} \\ &\quad - \frac{Y^H}{Y^C}(\boldsymbol{\varepsilon}\cdot\boldsymbol{ee}):\boldsymbol{E} \end{aligned} \tag{3.25}$$

b. 偏平回転楕円体

図 3.1(b) に示すような偏平回転楕円体に対しても，式 (3.4),(3.5),(3.6) の関係式がそのまま成り立つ．ただし，抵抗関数は次のようになる．

$$\left.\begin{aligned} X^A &= \frac{4}{3}\cdot\frac{s^3}{(2s^2-1)Q + s(1-s^2)^{1/2}} \\ Y^A &= \frac{8}{3}\cdot\frac{s^3}{(2s^2+1)Q - s(1-s^2)^{1/2}} \end{aligned}\right\} \tag{3.26}$$

$$\left.\begin{aligned} X^C &= \frac{2}{3}\cdot\frac{s^3}{Q-s(1-s^2)^{1/2}} \\ Y^C &= \frac{2}{3}\cdot\frac{s^3(2-s^2)}{s(1-s^2)^{1/2}-(1-2s^2)Q} \end{aligned}\right\} \tag{3.27}$$

$$Y^H = -\frac{2}{3}\cdot\frac{s^5}{s(1-s^2)^{1/2}-(1-2s^2)Q} \tag{3.28}$$

$$\left.\begin{aligned} X^K &= \frac{4}{15}\cdot\frac{s^5}{(3-2s^2)Q-3s(1-s^2)^{1/2}} \\ Y^K &= \frac{2}{5}\cdot\frac{s^5\left\{s(1+s^2)-(1-s^2)^{1/2}Q\right\}}{\left\{3s-s^3-3(1-s^2)^{1/2}Q\right\}\left\{s(1-s^2)^{1/2}-(1-2s^2)Q\right\}} \\ Z^K &= \frac{8}{5}\cdot\frac{s^5}{3Q-(2s^3+3s)(1-s^2)^{1/2}} \end{aligned}\right\} \tag{3.29}$$

ここに，先に示したように，$s=(a^2-b^2)^{1/2}/a$ であり，Q は次のとおりである．

$$Q = Q(s) = \cot^{-1}\left\{(1-s^2)^{1/2}/s\right\} \tag{3.30}$$

$s\to 0$ に対して回転楕円体は球に漸近するが，$s \ll 1$ とした場合の抵抗関数値は次のとおりである．

$$\left.\begin{aligned} X^A &= 1-\frac{1}{10}s^2-\frac{31}{1400}s^4+\cdots \\ Y^A &= 1-\frac{1}{5}s^2-\frac{79}{1400}s^4+\cdots \end{aligned}\right\} \tag{3.31}$$

$$\left.\begin{aligned} X^C &= 1-\frac{3}{10}s^2-\frac{99}{1400}s^4+\cdots \\ Y^C &= 1-\frac{3}{5}s^2+\frac{39}{1400}s^4+\cdots \end{aligned}\right\} \tag{3.32}$$

$$Y^H = -\frac{1}{2}s^2+\frac{1}{20}s^4+\cdots \tag{3.33}$$

$$\left.\begin{aligned} X^K &= 1-\frac{9}{14}s^2-\frac{13}{392}s^4+\cdots \\ Y^K &= 1-\frac{4}{7}s^2-\frac{173}{5880}s^4+\cdots \\ Z^K &= 1-\frac{5}{14}s^2-\frac{95}{1176}s^4+\cdots \end{aligned}\right\} \tag{3.34}$$

一方，$s \to 1$ に対しては回転楕円体はディスク状粒子に漸近するが，$\xi = (1-s^2)^{1/2} (\ll 1)$ に対して，式 (3.26)〜(3.29) は次のようになる．

$$\left.\begin{aligned} X^A &= \frac{8}{3\pi}\left(1 + \frac{1}{2}\xi^2 + \cdots\right) \\ Y^A &= \frac{16}{9\pi}\left(1 + \frac{8}{3\pi}\xi - \frac{15\pi^2 - 128}{18\pi^2}\xi^2 + \cdots\right) \end{aligned}\right\} \tag{3.35}$$

$$\left.\begin{aligned} X^C &= \frac{4}{3\pi}\left(1 + \frac{4}{\pi}\xi + \frac{32 - 3\pi^2}{2\pi^2}\xi^2 + \cdots\right) \\ Y^C &= \frac{4}{3\pi}\left(1 + \frac{3}{2}\xi^2 + \cdots\right) \end{aligned}\right\} \tag{3.36}$$

$$Y^H = -\frac{4}{3\pi}\left(1 - \frac{1}{2}\xi^2 + \cdots\right) \tag{3.37}$$

$$\left.\begin{aligned} X^K &= \frac{8}{15\pi}\left(1 + \frac{8}{\pi}\xi + \frac{128 - 9\pi^2}{2\pi^2}\xi^2 + \cdots\right) \\ Y^K &= \frac{4}{5\pi}\left(1 + \frac{\pi}{2}\xi + \frac{3\pi^2 - 20}{8}\xi^2 + \cdots\right) \\ Z^K &= \frac{16}{15\pi}\left(1 + \frac{16}{3\pi}\xi + \frac{512 - 45\pi^2}{18\pi^2}\xi^2 + \cdots\right) \end{aligned}\right\} \tag{3.38}$$

もし $s = 1$ とし，$\boldsymbol{e} = (1, 0, 0)$ とすれば，式 (3.13) および (3.14) より，次の関係式が得られる．

$$\begin{bmatrix} F_x \\ F_y \\ F_z \end{bmatrix} = 6\pi\eta a \begin{bmatrix} (8/3\pi)(v_x - U_x) \\ (16/9\pi)(v_y - U_y) \\ (16/9\pi)(v_z - U_z) \end{bmatrix} \tag{3.39}$$

$$\begin{bmatrix} T_x \\ T_y \\ T_z \end{bmatrix} = 8\pi\eta a^3 \begin{bmatrix} (4/3\pi)(\omega_x - \Omega_x) \\ (4/3\pi)(\omega_y - \Omega_y) \\ (4/3\pi)(\omega_z - \Omega_z) \end{bmatrix} - 8\pi\eta a^3 \frac{4}{3\pi} \begin{bmatrix} 0 \\ E_{13} \\ -E_{12} \end{bmatrix} \tag{3.40}$$

式 (3.39) からわかるように，ディスク状粒子の場合には，ディスク面に平行な方向に運動するよりも，垂直な方向に運動するほうが，大きな抵抗を受ける．

3.1.3 一般的な形状の粒子

先に示した球や回転楕円体のような軸対称粒子の場合には，力は粒子速度のみに依存し，角速度には依存せず，同様に，トルクは粒子速度には依存しなかった．しかしながら，一般的な形状の粒子の場合，力およびトルクともに粒子速度と角速度に依存する．後の議論のために，このような一般的な形状の粒子の場合について簡単に述べる[1]．

a. 抵抗行列による表式

ここまでの議論と同様に，粒子が流体に作用する力とトルクをそれぞれ$\boldsymbol{F},\boldsymbol{T}$とし，粒子の速度と角速度を$\boldsymbol{v},\boldsymbol{\omega}$で表せば，これらの関係式は次のように書ける．

$$\begin{bmatrix} \boldsymbol{F} \\ \boldsymbol{T} \\ \boldsymbol{S} \end{bmatrix} = \eta \boldsymbol{R} \begin{bmatrix} \boldsymbol{v}-\boldsymbol{U} \\ \boldsymbol{\omega}-\boldsymbol{\Omega} \\ -\boldsymbol{E} \end{bmatrix} \tag{3.41}$$

ここに$\boldsymbol{R}$は抵抗行列 (resistance matrix) と呼ばれ (大抵抗行列と呼ばれることもある)，次のように，2 階のテンソル$\boldsymbol{A},\boldsymbol{B},\boldsymbol{C}$，3 階のテンソル$\boldsymbol{G},\boldsymbol{H}$，および 4 階のテンソル$\boldsymbol{K}$を小行列の成分に有する．すなわち，

$$\boldsymbol{R} = \begin{bmatrix} \boldsymbol{A} & \tilde{\boldsymbol{B}} & \tilde{\boldsymbol{G}} \\ \boldsymbol{B} & \boldsymbol{C} & \tilde{\boldsymbol{H}} \\ \boldsymbol{G} & \boldsymbol{H} & \boldsymbol{K} \end{bmatrix} \tag{3.42}$$

ただし$\tilde{\boldsymbol{B}} = \boldsymbol{B}^t$である．また，$\boldsymbol{G}$の ijk成分を G_{ijk}，同様に H_{ijk}とおけば，$\tilde{\boldsymbol{G}},\tilde{\boldsymbol{H}}$はそれぞれ$\boldsymbol{G},\boldsymbol{H}$と次のような関係にある．

$$\tilde{G}_{ijk} = G_{jki}\ , \quad \tilde{H}_{ijk} = H_{jki} \tag{3.43}$$

$\boldsymbol{K}$の $ijkl$成分を K_{ijkl}とすれば，次の関係式を満足する．

$$K_{ijkl} = K_{klij} \tag{3.44}$$

さらに，$\boldsymbol{A},\boldsymbol{C}$は対称テンソルである．以上の抵抗行列の小行列を構成するテンソル量を抵抗テンソル (resistance tensor) と呼ぶ．

b. 移動度行列による表式

粒子の速度と角速度を力とトルクによって表現すれば，次のように書ける．

$$\begin{bmatrix} \boldsymbol{v}-\boldsymbol{U} \\ \boldsymbol{\omega}-\boldsymbol{\Omega} \\ \boldsymbol{S}/\eta \end{bmatrix} = \boldsymbol{M} \begin{bmatrix} \boldsymbol{F}/\eta \\ \boldsymbol{T}/\eta \\ \boldsymbol{E} \end{bmatrix} = \begin{bmatrix} \boldsymbol{a} & \tilde{\boldsymbol{b}} & \tilde{\boldsymbol{g}} \\ \boldsymbol{b} & \boldsymbol{c} & \tilde{\boldsymbol{h}} \\ \boldsymbol{g} & \boldsymbol{h} & \boldsymbol{k} \end{bmatrix} \begin{bmatrix} \boldsymbol{F}/\eta \\ \boldsymbol{T}/\eta \\ \boldsymbol{E} \end{bmatrix} \tag{3.45}$$

ここに$\boldsymbol{M}$は移動度行列 (mobility matrix) と呼ばれ，その小行列はテンソル量で移動度テンソル (mobility tensor) と呼ばれている．$\boldsymbol{a}, \boldsymbol{b}, \boldsymbol{c}$は2階のテンソル，$\boldsymbol{g}, \boldsymbol{h}$は3階のテンソル，$\boldsymbol{k}$は4階のテンソル，$\tilde{\boldsymbol{b}} = \boldsymbol{b}^t$であり，$\tilde{\boldsymbol{g}}$と$\tilde{\boldsymbol{h}}$は式 (3.43) と類似の次式で表される．

$$\tilde{g}_{ijk} = g_{jki} \ , \quad \tilde{h}_{ijk} = h_{jki} \tag{3.46}$$

4階のテンソル$\boldsymbol{k}$の $ijkl$成分を k_{ijkl}で表せば，$\boldsymbol{k}$は式 (3.44) に類似の次の性質がある．

$$k_{ijkl} = k_{klij} \tag{3.47}$$

さらに，$\boldsymbol{a}$と$\boldsymbol{c}$は対称テンソルである．

c. 抵抗テンソルと移動度テンソルの関係

式 (3.41) と (3.45) は同じ解を別な形で表したに過ぎないので，$\boldsymbol{A}, \boldsymbol{B}, \boldsymbol{C}, \boldsymbol{G}, \boldsymbol{H}, \boldsymbol{K}$と$\boldsymbol{a}, \boldsymbol{b}, \boldsymbol{c}, \boldsymbol{g}, \boldsymbol{h}, \boldsymbol{k}$との間には関係式が存在する．式 (3.41) に式 (3.45) を代入整理すると次式を得る．

$$\begin{bmatrix} \boldsymbol{F} \\ \boldsymbol{T} \end{bmatrix} = \begin{bmatrix} \boldsymbol{A} & \tilde{\boldsymbol{B}} \\ \boldsymbol{B} & \boldsymbol{C} \end{bmatrix} \begin{bmatrix} \boldsymbol{a} & \tilde{\boldsymbol{b}} \\ \boldsymbol{b} & \boldsymbol{c} \end{bmatrix} \begin{bmatrix} \boldsymbol{F} \\ \boldsymbol{T} \end{bmatrix} + \eta \begin{bmatrix} \boldsymbol{A} & \tilde{\boldsymbol{B}} \\ \boldsymbol{B} & \boldsymbol{C} \end{bmatrix} \begin{bmatrix} \tilde{\boldsymbol{g}} \\ \tilde{\boldsymbol{h}} \end{bmatrix} \boldsymbol{E} - \eta \begin{bmatrix} \tilde{\boldsymbol{G}} \\ \tilde{\boldsymbol{H}} \end{bmatrix} \boldsymbol{E} \tag{3.48}$$

この式は$\boldsymbol{F}, \boldsymbol{T}$の任意の値に対して成り立つので，結局次の式を得る．

$$\begin{bmatrix} \boldsymbol{A} & \tilde{\boldsymbol{B}} \\ \boldsymbol{B} & \boldsymbol{C} \end{bmatrix} \begin{bmatrix} \boldsymbol{a} & \tilde{\boldsymbol{b}} \\ \boldsymbol{b} & \boldsymbol{c} \end{bmatrix} = \begin{bmatrix} \boldsymbol{I} & 0 \\ 0 & \boldsymbol{I} \end{bmatrix} \tag{3.49}$$

$$\begin{bmatrix} \boldsymbol{A} & \tilde{\boldsymbol{B}} \\ \boldsymbol{B} & \boldsymbol{C} \end{bmatrix} \begin{bmatrix} \tilde{\boldsymbol{g}} \\ \tilde{\boldsymbol{h}} \end{bmatrix} - \begin{bmatrix} \tilde{\boldsymbol{G}} \\ \tilde{\boldsymbol{H}} \end{bmatrix} = \begin{bmatrix} 0 \\ 0 \end{bmatrix} \tag{3.50}$$

ここに，$\boldsymbol{I}$は単位テンソルである．したがって，式(3.49)と(3.50)より，次のように$\boldsymbol{a}, \boldsymbol{b}, \boldsymbol{c}, \boldsymbol{g}, \boldsymbol{h}$を$\boldsymbol{A}, \boldsymbol{B}, \boldsymbol{C}, \boldsymbol{G}, \boldsymbol{H}$で表すことができる．

$$\begin{bmatrix} \boldsymbol{a} & \tilde{\boldsymbol{b}} \\ \boldsymbol{b} & \boldsymbol{c} \end{bmatrix} = \begin{bmatrix} \boldsymbol{A} & \tilde{\boldsymbol{B}} \\ \boldsymbol{B} & \boldsymbol{C} \end{bmatrix}^{-1} \tag{3.51}$$

$$\begin{bmatrix} \tilde{\boldsymbol{g}} \\ \tilde{\boldsymbol{h}} \end{bmatrix} = \begin{bmatrix} \boldsymbol{A} & \tilde{\boldsymbol{B}} \\ \boldsymbol{B} & \boldsymbol{C} \end{bmatrix}^{-1} \begin{bmatrix} \tilde{\boldsymbol{G}} \\ \tilde{\boldsymbol{H}} \end{bmatrix} \tag{3.52}$$

応力極$\boldsymbol{S}$に関しても同様の手続きにより次式を得る．

$$\begin{bmatrix} \boldsymbol{g} & \boldsymbol{h} \end{bmatrix} = \begin{bmatrix} \boldsymbol{G} & \boldsymbol{H} \end{bmatrix} \begin{bmatrix} \boldsymbol{A} & \tilde{\boldsymbol{B}} \\ \boldsymbol{B} & \boldsymbol{C} \end{bmatrix}^{-1} \tag{3.53}$$

$$\boldsymbol{k} = -\boldsymbol{K} + \begin{bmatrix} \boldsymbol{G} & \boldsymbol{H} \end{bmatrix} \begin{bmatrix} \boldsymbol{A} & \tilde{\boldsymbol{B}} \\ \boldsymbol{B} & \boldsymbol{C} \end{bmatrix}^{-1} \begin{bmatrix} \tilde{\boldsymbol{G}} \\ \tilde{\boldsymbol{H}} \end{bmatrix} \tag{3.54}$$

同様にして，式(3.45)に式(3.41)を代入することにより，$\boldsymbol{A}, \boldsymbol{B}, \boldsymbol{C}, \boldsymbol{G}, \boldsymbol{H}, \boldsymbol{K}$を$\boldsymbol{a}, \boldsymbol{b}, \boldsymbol{c}, \boldsymbol{g}, \boldsymbol{h}, \boldsymbol{k}$で表すことができる．

3.2 2個の球状粒子が離れて流体中を運動する場合

この節では希釈コロイド分散系の並進運動のシミュレーションでよく用いられるオセーン・テンソル[4)]とRotne-Pragerテンソル[5)]について述べる．したがって，球状粒子の並進運動にのみ着目して議論する．

3.2.1 オセーン・テンソル

もしコロイド分散系が十分希釈ならば，2個の粒子を含んだ流れ場の厳密解を求めなくても，粒子単体の流れ場の厳密解を用いて，他の粒子への影響を近似的に評価することが可能なはずである．

さて，静止流体中に球状粒子単体が速度$\boldsymbol{v}$で運動していると仮定する．この場合の粒子中心から$\boldsymbol{r}$の位置での流体の速度$\boldsymbol{u}(\boldsymbol{r})$は，ストークス方程式(2.3)と連続の式(2.2)より容易に求まり，次のようになる．

$$\boldsymbol{u}(\boldsymbol{r}) = \frac{3}{4}\left(\frac{a}{r}\right)\left[\boldsymbol{I} + \frac{\boldsymbol{rr}}{r^2}\right]\cdot\boldsymbol{v} + \frac{1}{4}\left(\frac{a}{r}\right)^3\left[\boldsymbol{I} - 3\frac{\boldsymbol{rr}}{r^2}\right]\cdot\boldsymbol{v} \tag{3.55}$$

もし粒子が流体に作用する力$\boldsymbol{F}$が摩擦力と釣り合うとして$\boldsymbol{F} = 6\pi\eta a\boldsymbol{v}$とおけば，式(3.55)は次のようにも書ける．

$$\boldsymbol{u}(\boldsymbol{r}) = \frac{1}{8\pi\eta r}\left[\boldsymbol{I} + \frac{\boldsymbol{rr}}{r^2}\right]\cdot\boldsymbol{F} + \frac{a^2}{24\pi\eta r^3}\left[\boldsymbol{I} - 3\frac{\boldsymbol{rr}}{r^2}\right]\cdot\boldsymbol{F} \tag{3.56}$$

ここで，高次の項を省略すると次式を得る．

$$\boldsymbol{u}(\boldsymbol{r}) = \frac{1}{8\pi\eta r}\left[\boldsymbol{I} + \frac{\boldsymbol{rr}}{r^2}\right]\cdot\boldsymbol{F} \tag{3.57}$$

ここに$(\boldsymbol{I} + \boldsymbol{rr}/r^2)/r$をオセーン・テンソル(Oseen tensor)と呼ぶ．したがって，もし2個の粒子が十分離れて静止流体中を運動している場合，粒子jの速度$\boldsymbol{v}_j$は粒子iの速度$\boldsymbol{v}_i$による誘起速度も加わるので，次のように表すことができる．

$$\boldsymbol{v}_j = \frac{1}{6\pi\eta a}\boldsymbol{F}_j + \frac{1}{8\pi\eta r_{ji}}\left[\boldsymbol{I} + \frac{\boldsymbol{r}_{ji}\boldsymbol{r}_{ji}}{r_{ji}^2}\right]\cdot\boldsymbol{F}_i \tag{3.58}$$

ここに，$\boldsymbol{F}_i$は粒子iが流体に及ぼす力($\boldsymbol{F}_j$も同様)，$\boldsymbol{r}_{ji} = \boldsymbol{r}_j - \boldsymbol{r}_i, r_{ji} = |\boldsymbol{r}_{ji}|$である．

3.2.2 Rotne-Prager テンソル

式(3.56)は単一粒子の運動によって生じる，任意の位置での誘起速度を意味する．したがって，2個の粒子が流体中を同時に運動する場合は，流体を通して互いに影響するはずなので，式(3.56)を修正することにより，より厳密解に近づくはずである．これはRotneとPragerによって，次のように導かれた[5)]．

粒子 i による粒子 j の位置での誘起速度を $\boldsymbol{v}_{j(i)}$ とおけば,

$$\boldsymbol{v}_{j(i)} = \frac{1}{8\pi\eta r_{ji}}\left[\boldsymbol{I} + \frac{\boldsymbol{r}_{ji}\boldsymbol{r}_{ji}}{r_{ji}^2}\right]\cdot\boldsymbol{F}_i + \frac{a^2}{12\pi\eta r_{ji}^3}\left[\boldsymbol{I} - 3\frac{\boldsymbol{r}_{ji}\boldsymbol{r}_{ji}}{r_{ji}^2}\right]\cdot\boldsymbol{F}_i \quad (3.59)$$

したがって, 粒子 j の速度 $\boldsymbol{v}_j$ は次のようになる.

$$\boldsymbol{v}_j = \frac{1}{6\pi\eta a}\boldsymbol{F}_j + \boldsymbol{v}_{j(i)} \quad (3.60)$$

係数を含む含まないは別として, オセーン・テンソルと対応させて, 次式を Rotne-Prager テンソルと呼ぶ.

$$\frac{1}{r_{ji}}\left[\left\{\boldsymbol{I} + \frac{\boldsymbol{r}_{ji}\boldsymbol{r}_{ji}}{r_{ji}^2}\right\} + \frac{2}{3}\left(\frac{a}{r_{ji}}\right)^2\left\{\boldsymbol{I} - 3\frac{\boldsymbol{r}_{ji}\boldsymbol{r}_{ji}}{r_{ji}^2}\right\}\right] \quad (3.61)$$

3.3　2個の粒子が流体中を運動する場合

この節では, 2個の粒子が十分離れて運動するという限定は設けず, 近接粒子の運動にも適用できる理論[1]を示す. 最後に球状粒子に限定した場合について述べる. この節で説明した理論は次章において多粒子系へと拡張される.

3.3.1　抵抗行列による表式

球状粒子に限らず, 2粒子が十分接近可能な状態で流体中を運動する場合, 第3.1.3項で示した理論の拡張として, 力とトルクは速度と角速度と次のような関係にある.

$$\begin{bmatrix} \boldsymbol{F}_1 \\ \boldsymbol{F}_2 \\ \boldsymbol{T}_1 \\ \boldsymbol{T}_2 \\ \boldsymbol{S}_1 \\ \boldsymbol{S}_2 \end{bmatrix} = \eta \begin{bmatrix} \boldsymbol{A}_{11} & \boldsymbol{A}_{12} & \tilde{\boldsymbol{B}}_{11} & \tilde{\boldsymbol{B}}_{12} & \tilde{\boldsymbol{G}}_{11} & \tilde{\boldsymbol{G}}_{12} \\ \boldsymbol{A}_{21} & \boldsymbol{A}_{22} & \tilde{\boldsymbol{B}}_{21} & \tilde{\boldsymbol{B}}_{22} & \tilde{\boldsymbol{G}}_{21} & \tilde{\boldsymbol{G}}_{22} \\ \boldsymbol{B}_{11} & \boldsymbol{B}_{12} & \boldsymbol{C}_{11} & \boldsymbol{C}_{12} & \tilde{\boldsymbol{H}}_{11} & \tilde{\boldsymbol{H}}_{12} \\ \boldsymbol{B}_{21} & \boldsymbol{B}_{22} & \boldsymbol{C}_{21} & \boldsymbol{C}_{22} & \tilde{\boldsymbol{H}}_{21} & \tilde{\boldsymbol{H}}_{22} \\ \boldsymbol{G}_{11} & \boldsymbol{G}_{12} & \boldsymbol{H}_{11} & \boldsymbol{H}_{12} & \boldsymbol{K}_{11} & \boldsymbol{K}_{12} \\ \boldsymbol{G}_{21} & \boldsymbol{G}_{22} & \boldsymbol{H}_{21} & \boldsymbol{H}_{22} & \boldsymbol{K}_{21} & \boldsymbol{K}_{22} \end{bmatrix} \begin{bmatrix} \boldsymbol{v}_1 - \boldsymbol{U}(\boldsymbol{r}_1) \\ \boldsymbol{v}_2 - \boldsymbol{U}(\boldsymbol{r}_2) \\ \boldsymbol{\omega}_1 - \boldsymbol{\Omega} \\ \boldsymbol{\omega}_2 - \boldsymbol{\Omega} \\ -\boldsymbol{E} \\ -\boldsymbol{E} \end{bmatrix} \quad (3.62)$$

ここに，$\boldsymbol{r}$は粒子の位置ベクトル，$\boldsymbol{v},\boldsymbol{\omega}$は粒子の速度と角速度，$\boldsymbol{F},\boldsymbol{T},\boldsymbol{S}$は粒子が流体に及ぼす力とトルクおよび応力極であり，それらに付いた下付き添字の1,2は粒子1,2に関する量であることを意味する．また，$\boldsymbol{A},\boldsymbol{B},\boldsymbol{C}$は2階のテンソル，$\boldsymbol{G},\boldsymbol{H}$は3階のテンソル，$\boldsymbol{K}$は4階のテンソルである．これらは次のような性質を有する．

$$\boldsymbol{A}_{\alpha\beta}=\boldsymbol{A}^t_{\beta\alpha}\,,\ \boldsymbol{C}_{\alpha\beta}=\boldsymbol{C}^t_{\beta\alpha}\,,\ \tilde{\boldsymbol{B}}_{\alpha\beta}=\boldsymbol{B}^t_{\beta\alpha}\qquad(\alpha,\beta=1,2)\tag{3.63}$$

$$K^{\alpha\beta}_{ijkl}=K^{\beta\alpha}_{klij}\,,\ G^{\alpha\beta}_{ijk}=\tilde{G}^{\beta\alpha}_{kij}\,,\ H^{\alpha\beta}_{ijk}=\tilde{H}^{\beta\alpha}_{kij}\quad(\alpha,\beta=1,2)\tag{3.64}$$

ただし，$\boldsymbol{H}_{\alpha\beta}$の$ijk$成分を$H^{\alpha\beta}_{ijk}$で表している(他も同様)．以上の性質は，式(3.62)の$\boldsymbol{A}_{11}\sim\boldsymbol{K}_{22}$を小行列とする抵抗行列が対称行列であることを意味している．

3.3.2　移動度行列による表式

式(3.62)を移動度行列の形で表せば，次のように書ける．

$$\begin{bmatrix}\boldsymbol{v}_1-\boldsymbol{U}(\boldsymbol{r}_1)\\ \boldsymbol{v}_2-\boldsymbol{U}(\boldsymbol{r}_2)\\ \boldsymbol{\omega}_1-\boldsymbol{\Omega}\\ \boldsymbol{\omega}_2-\boldsymbol{\Omega}\\ \boldsymbol{S}_1/\eta\\ \boldsymbol{S}_2/\eta\end{bmatrix}=\begin{bmatrix}\boldsymbol{a}_{11}&\boldsymbol{a}_{12}&\tilde{\boldsymbol{b}}_{11}&\tilde{\boldsymbol{b}}_{12}&\tilde{\boldsymbol{g}}_1\\ \boldsymbol{a}_{21}&\boldsymbol{a}_{22}&\tilde{\boldsymbol{b}}_{21}&\tilde{\boldsymbol{b}}_{22}&\tilde{\boldsymbol{g}}_2\\ \boldsymbol{b}_{11}&\boldsymbol{b}_{12}&\boldsymbol{c}_{11}&\boldsymbol{c}_{12}&\tilde{\boldsymbol{h}}_1\\ \boldsymbol{b}_{21}&\boldsymbol{b}_{22}&\boldsymbol{c}_{21}&\boldsymbol{c}_{22}&\tilde{\boldsymbol{h}}_2\\ \boldsymbol{g}_{11}&\boldsymbol{g}_{12}&\boldsymbol{h}_{11}&\boldsymbol{h}_{12}&\boldsymbol{k}_1\\ \boldsymbol{g}_{21}&\boldsymbol{g}_{22}&\boldsymbol{h}_{21}&\boldsymbol{h}_{22}&\boldsymbol{k}_2\end{bmatrix}\begin{bmatrix}\boldsymbol{F}_1/\eta\\ \boldsymbol{F}_2/\eta\\ \boldsymbol{T}_1/\eta\\ \boldsymbol{T}_2/\eta\\ \boldsymbol{E}\end{bmatrix}\tag{3.65}$$

上式の$\boldsymbol{a}_{11}\sim\boldsymbol{k}_2$の小行列からなる行列を移動度行列と呼ぶ．前項と同様に，$\boldsymbol{a},\boldsymbol{b},\boldsymbol{c}$は2階のテンソル，$\boldsymbol{g},\boldsymbol{h}$は3階のテンソル，$\boldsymbol{k}$は4階のテンソルで，次の性質を有する．

$$\boldsymbol{a}_{\alpha\beta}=\boldsymbol{a}^t_{\beta\alpha}\,,\quad \boldsymbol{c}_{\alpha\beta}=\boldsymbol{c}^t_{\beta\alpha}\,,\quad \tilde{\boldsymbol{b}}_{\alpha\beta}=\boldsymbol{b}^t_{\beta\alpha}\qquad(\alpha,\beta=1,2)\tag{3.66}$$

$$\left.\begin{array}{ll}k^1_{ijkl}+k^2_{ijkl}=k^1_{klij}+k^2_{klij} & \\ g^{1\alpha}_{ijk}+g^{2\alpha}_{ijk}=\tilde{g}^{\alpha}_{kij} & (\alpha=1\,,\,2)\\ h^{1\alpha}_{ijk}+h^{2\alpha}_{ijk}=\tilde{h}^{\alpha}_{kij} & (\alpha=1\,,\,2)\end{array}\right\}\tag{3.67}$$

ここに，前項と同様なテンソル量の成分表示を用いている．

3.3.3 抵抗テンソルと移動度テンソルの関係

式 (3.62) と (3.65) は同一の関係式を別な形で表したに過ぎないので，小行列を構成するテンソル間には関係式が存在する．これらは式 (3.62) と (3.65) を用いて容易に導ける．すなわち，

$$\begin{bmatrix} \boldsymbol{a}_{11} & \boldsymbol{a}_{12} & \tilde{\boldsymbol{b}}_{11} & \tilde{\boldsymbol{b}}_{12} \\ \boldsymbol{a}_{21} & \boldsymbol{a}_{22} & \tilde{\boldsymbol{b}}_{21} & \tilde{\boldsymbol{b}}_{22} \\ \boldsymbol{b}_{11} & \boldsymbol{b}_{12} & \boldsymbol{c}_{11} & \boldsymbol{c}_{12} \\ \boldsymbol{b}_{21} & \boldsymbol{b}_{22} & \boldsymbol{c}_{21} & \boldsymbol{c}_{22} \end{bmatrix} = \begin{bmatrix} \boldsymbol{A}_{11} & \boldsymbol{A}_{12} & \tilde{\boldsymbol{B}}_{11} & \tilde{\boldsymbol{B}}_{12} \\ \boldsymbol{A}_{21} & \boldsymbol{A}_{22} & \tilde{\boldsymbol{B}}_{21} & \tilde{\boldsymbol{B}}_{22} \\ \boldsymbol{B}_{11} & \boldsymbol{B}_{12} & \boldsymbol{C}_{11} & \boldsymbol{C}_{12} \\ \boldsymbol{B}_{21} & \boldsymbol{B}_{22} & \boldsymbol{C}_{21} & \boldsymbol{C}_{22} \end{bmatrix}^{-1} \tag{3.68}$$

$$\begin{bmatrix} \boldsymbol{g}_{11} & \boldsymbol{g}_{12} & \boldsymbol{h}_{11} & \boldsymbol{h}_{12} \\ \boldsymbol{g}_{21} & \boldsymbol{g}_{22} & \boldsymbol{h}_{21} & \boldsymbol{h}_{22} \end{bmatrix} = \begin{bmatrix} \boldsymbol{G}_{11} & \boldsymbol{G}_{12} & \boldsymbol{H}_{11} & \boldsymbol{H}_{12} \\ \boldsymbol{G}_{21} & \boldsymbol{G}_{22} & \boldsymbol{H}_{21} & \boldsymbol{H}_{22} \end{bmatrix} \begin{bmatrix} \boldsymbol{a}_{11} & \boldsymbol{a}_{12} & \tilde{\boldsymbol{b}}_{11} & \tilde{\boldsymbol{b}}_{12} \\ \boldsymbol{a}_{21} & \boldsymbol{a}_{22} & \tilde{\boldsymbol{b}}_{21} & \tilde{\boldsymbol{b}}_{22} \\ \boldsymbol{b}_{11} & \boldsymbol{b}_{12} & \boldsymbol{c}_{11} & \boldsymbol{c}_{12} \\ \boldsymbol{b}_{21} & \boldsymbol{b}_{22} & \boldsymbol{c}_{21} & \boldsymbol{c}_{22} \end{bmatrix} \tag{3.69}$$

$$\begin{bmatrix} \boldsymbol{k}_1 \\ \boldsymbol{k}_2 \end{bmatrix} = -\begin{bmatrix} \boldsymbol{K}_{11} + \boldsymbol{K}_{12} \\ \boldsymbol{K}_{21} + \boldsymbol{K}_{22} \end{bmatrix} + \begin{bmatrix} \boldsymbol{G}_{11} & \boldsymbol{G}_{12} & \boldsymbol{H}_{11} & \boldsymbol{H}_{12} \\ \boldsymbol{G}_{21} & \boldsymbol{G}_{22} & \boldsymbol{H}_{21} & \boldsymbol{H}_{22} \end{bmatrix} \begin{bmatrix} \tilde{\boldsymbol{g}}_1 \\ \tilde{\boldsymbol{g}}_2 \\ \tilde{\boldsymbol{h}}_1 \\ \tilde{\boldsymbol{h}}_2 \end{bmatrix} \tag{3.70}$$

3.3.4 軸対称粒子の場合

実用的な価値が大きい軸対称粒子の場合には，式 (3.62) の抵抗行列を構成する各テンソルは次のような形に表すことができる．

$$\left.\begin{aligned} \boldsymbol{A}_{\alpha\beta} &= X^{A}_{\alpha\beta}\boldsymbol{ee} + Y^{A}_{\alpha\beta}(\boldsymbol{I} - \boldsymbol{ee}) \\ \boldsymbol{B}_{\alpha\beta} &= Y^{B}_{\alpha\beta}\boldsymbol{\varepsilon}\cdot\boldsymbol{e} \\ \boldsymbol{C}_{\alpha\beta} &= X^{C}_{\alpha\beta}\boldsymbol{ee} + Y^{C}_{\alpha\beta}(\boldsymbol{I} - \boldsymbol{ee}) \end{aligned}\right\} \tag{3.71}$$

$$\left.\begin{aligned} G_{ijk}^{\alpha\beta} &= X_{\alpha\beta}^{G}(e_ie_j - \frac{1}{3}\delta_{ij})e_k + Y_{\alpha\beta}^{G}(e_i\delta_{jk} + e_j\delta_{ik} - 2e_ie_je_k) \\ H_{ijk}^{\alpha\beta} &= Y_{\alpha\beta}^{H}\sum_{l=1}^{3}(\varepsilon_{ikl}e_le_j + \varepsilon_{jkl}e_le_i) \\ K_{ijkl}^{\alpha\beta} &= X_{\alpha\beta}^{K}e_{ijkl}^{(0)} + Y_{\alpha\beta}^{K}e_{ijkl}^{(1)} + Z_{\alpha\beta}^{K}e_{ijkl}^{(2)} \end{aligned}\right\} \quad (3.72)$$

ここに，$\boldsymbol{e} = \boldsymbol{r}_{21}/r_{21}, \boldsymbol{r}_{21} = \boldsymbol{r}_2 - \boldsymbol{r}_1, r_{21} = |\boldsymbol{r}_{21}|, \boldsymbol{\varepsilon}$は式(A1.10)で示した3階のテンソル，$\boldsymbol{ee}$はディアディック積，$\delta_{ij}$はクロネッカーのデルタ，$e_{ijkl}^{(0)}$等は式(3.7)に示したとおりである．式(3.71),(3.72)に現れた$X_{\alpha\beta}^{A}, Y_{\alpha\beta}^{A}, \cdots, Z_{\alpha\beta}^{K}$ $(\alpha, \beta = 1, 2)$は抵抗関数と呼ばれる量である．

一方，式(3.65)の移動度行列を構成する各テンソルは，式(3.71)と(3.72)に類似の次式で表すことができる．

$$\left.\begin{aligned} \boldsymbol{a}_{\alpha\beta} &= x_{\alpha\beta}^{a}\boldsymbol{ee} + y_{\alpha\beta}^{a}(\boldsymbol{I} - \boldsymbol{ee}) \\ \boldsymbol{b}_{\alpha\beta} &= y_{\alpha\beta}^{b}\boldsymbol{\varepsilon}\cdot\boldsymbol{e} \\ \boldsymbol{c}_{\alpha\beta} &= x_{\alpha\beta}^{c}\boldsymbol{ee} + y_{\alpha\beta}^{c}(\boldsymbol{I} - \boldsymbol{ee}) \end{aligned}\right\} \quad (3.73)$$

$$\left.\begin{aligned} g_{ijk}^{\alpha\beta} &= x_{\alpha\beta}^{g}\left(e_ie_j - \frac{1}{3}\delta_{ij}\right)e_k + y_{\alpha\beta}^{g}(e_i\delta_{jk} + e_j\delta_{ik} - 2e_ie_je_k) \\ h_{ijk}^{\alpha\beta} &= y_{\alpha\beta}^{h}\sum_{l=1}^{3}(\varepsilon_{ikl}e_le_j + \varepsilon_{jkl}e_le_i) \\ k_{ijkl}^{\alpha} &= x_{\alpha}^{k}e_{ijkl}^{(0)} + y_{\alpha}^{k}e_{ijkl}^{(1)} + z_{\alpha}^{k}e_{ijkl}^{(2)} \end{aligned}\right\} \quad (3.74)$$

ここに，$x_{\alpha\beta}^{a}, y_{\alpha\beta}^{a}, \cdots, z_{\alpha}^{k}$ $(\alpha, \beta = 1, 2)$は移動度関数と呼ばれる．抵抗関数および移動度関数の具体的な表式は，球状粒子に対して次項で示す．

さて，抵抗テンソルと移動度テンソルとは第**3.3.3**項で示した関係があるので，抵抗関数と移動度関数との間にも類似の関係が存在する．以下に結果のみを示す．

$$\begin{bmatrix} x_{11}^{a} & x_{12}^{a} \\ x_{21}^{a} & x_{22}^{a} \end{bmatrix} = \begin{bmatrix} X_{11}^{A} & X_{12}^{A} \\ X_{21}^{A} & X_{22}^{A} \end{bmatrix}^{-1} \quad (3.75)$$

$$\begin{bmatrix} x_{11}^c & x_{12}^c \\ x_{21}^c & x_{22}^c \end{bmatrix} = \begin{bmatrix} X_{11}^C & X_{12}^C \\ X_{21}^C & X_{22}^C \end{bmatrix}^{-1} \tag{3.76}$$

$$\begin{bmatrix} x_{11}^g & x_{12}^g \\ x_{21}^g & x_{22}^g \end{bmatrix} = \begin{bmatrix} X_{11}^G & X_{12}^G \\ X_{21}^G & X_{22}^G \end{bmatrix} \begin{bmatrix} x_{11}^a & x_{12}^a \\ x_{21}^a & x_{22}^a \end{bmatrix} \tag{3.77}$$

$$\begin{bmatrix} y_{11}^a & y_{12}^a & y_{11}^b & y_{21}^b \\ y_{21}^a & y_{22}^a & y_{12}^b & y_{22}^b \\ y_{11}^b & y_{12}^b & y_{11}^c & y_{12}^c \\ y_{21}^b & y_{22}^b & y_{21}^c & y_{22}^c \end{bmatrix} = \begin{bmatrix} Y_{11}^A & Y_{12}^A & Y_{11}^B & Y_{21}^B \\ Y_{21}^A & Y_{22}^A & Y_{12}^B & Y_{22}^B \\ Y_{11}^B & Y_{12}^B & Y_{11}^C & Y_{12}^C \\ Y_{21}^B & Y_{22}^B & Y_{21}^C & Y_{22}^C \end{bmatrix}^{-1} \tag{3.78}$$

$$\begin{bmatrix} y_{11}^g & y_{12}^g \\ y_{21}^g & y_{22}^g \end{bmatrix} = \begin{bmatrix} Y_{11}^G & Y_{12}^G & -Y_{11}^H & -Y_{12}^H \\ Y_{21}^G & Y_{22}^G & -Y_{21}^H & -Y_{22}^H \end{bmatrix} \begin{bmatrix} y_{11}^a & y_{12}^a \\ y_{21}^a & y_{22}^a \\ y_{11}^b & y_{12}^b \\ y_{21}^b & y_{22}^b \end{bmatrix} \tag{3.79}$$

$$\begin{bmatrix} y_{11}^h & y_{12}^h \\ y_{21}^h & y_{22}^h \end{bmatrix} = -\begin{bmatrix} Y_{11}^G & Y_{12}^G & -Y_{11}^H & -Y_{12}^H \\ Y_{21}^G & Y_{22}^G & -Y_{21}^H & -Y_{22}^H \end{bmatrix} \begin{bmatrix} y_{11}^b & y_{21}^b \\ y_{12}^b & y_{22}^b \\ y_{11}^c & y_{12}^c \\ y_{21}^c & y_{22}^c \end{bmatrix} \tag{3.80}$$

$$\left.\begin{aligned} x_\alpha^k &= -(X_{\alpha1}^K + X_{\alpha2}^K) + \frac{2}{3}X_{\alpha1}^G(x_{11}^g + x_{21}^g) \\ &\quad + \frac{2}{3}X_{\alpha2}^G(x_{12}^g + x_{22}^g) \\ y_\alpha^k &= -(Y_{\alpha1}^K + Y_{\alpha2}^K) + 2Y_{\alpha1}^G(y_{11}^g + y_{21}^g) + 2Y_{\alpha2}^G(y_{12}^g + y_{22}^g) \\ &\quad + 2Y_{\alpha1}^H(y_{11}^h + y_{21}^h) + 2Y_{\alpha2}^H(y_{12}^h + y_{22}^h) \\ z_\alpha^k &= -(Z_{\alpha1}^K + Z_{\alpha2}^K) \end{aligned}\right\} \tag{3.81}$$

3.3.5　球状粒子の場合

球状粒子の場合には抵抗関数や移動度関数の表式が求まっているので，これらを示していく[1]．球同士がほぼ接触状態に近くなると，潤滑効果 (lubrication effect)[4]により球同士には大きな流体力が作用するので，漸近解としては，球同士がほぼ接触状態にある場合と，その状態から十分離れた場合に対して求まっている．なお，ここでは実用的な価値が大きい等しい半径 a の球を問題とするが，異なる大きさの球同士の表式は別な参考書[1]を参照されたい．また，各抵抗関数と移動度関数の表式は類似の形に表されるので，この項では抵抗関数 $X^A_{\alpha\beta}, Y^A_{\alpha\beta}$ と移動度関数 $x^a_{\alpha\beta}, y^a_{\alpha\beta}$ の表式のみ示し，他は付録A2で示すことにする．これらの表式においては，$\xi = (r_{21}/a - 2) = (s-2)$ なる記号が共通の変数として用いられる．

a. 抵抗関数 $X^A_{\alpha\beta}$ と $Y^A_{\alpha\beta}$ の表式

もし球同士がほぼ接触状態にあるならば，$X^A_{\alpha\beta}$ と $Y^A_{\alpha\beta}$ $(\alpha, \beta = 1, 2)$ は次のように表せる．

$$\left.\begin{aligned} X^A_{11} &= 6\pi a\left\{\frac{1}{4}\xi^{-1} + \frac{9}{40}\ln\xi^{-1} + 0.9954 \right.\\ &\qquad \left. + \frac{3}{112}\xi\ln\xi^{-1} + L^X_{11}\xi + O(\xi^2\ln\xi)\right\} \\ X^A_{12} &= -6\pi a\left\{\frac{1}{4}\xi^{-1} + \frac{9}{40}\ln\xi^{-1} + 0.3502 \right.\\ &\qquad \left. + \frac{3}{112}\xi\ln\xi^{-1} - L^X_{12}\xi + O(\xi^2\ln\xi)\right\} \end{aligned}\right\} \tag{3.82}$$

$$\left.\begin{aligned} Y^A_{11} &= 6\pi a\left(\frac{1}{6}\ln\xi^{-1} + 0.9983\right) \\ Y^A_{12} &= -6\pi a\left(\frac{1}{6}\ln\xi^{-1} + 0.2737\right) \end{aligned}\right\} \tag{3.83}$$

ただし，

$$2(L^X_{11} + L^X_{12}) = 0.1163 \tag{3.84}$$

球同士が接触状態から十分離れた状態にあるならば，次のように書ける．

$$X^A_{11} = 6\pi a\sum_{k=0}^{\infty}\left(\frac{1}{2s}\right)^{2k} f^X_{2k}\ , \quad X^A_{12} = -6\pi a\sum_{k=0}^{\infty}\left(\frac{1}{2s}\right)^{2k+1} f^X_{2k+1} \tag{3.85}$$

$$Y^A_{11} = 6\pi a\sum_{k=0}^{\infty}\left(\frac{1}{2s}\right)^{2k} f^Y_{2k}\ , \quad Y^A_{12} = -6\pi a\sum_{k=0}^{\infty}\left(\frac{1}{2s}\right)^{2k+1} f^Y_{2k+1} \tag{3.86}$$

ただし，

$$\left.\begin{array}{c} f_0^X = 1,\ f_1^X = 3,\ f_2^X = 9,\ f_3^X = 19,\ f_4^X = 93, \\ f_5^X = 387,\ f_6^X = 1197,\ f_7^X = 5331,\ f_8^X = 19821, \\ f_9^X = 76115,\ f_{10}^X = 320173,\ f_{11}^X = 1178451 \end{array}\right\} \tag{3.87}$$

$$\left.\begin{array}{c} f_0^Y = 1,\ f_1^Y = 3/2,\ f_2^Y = 9/4,\ f_3^Y = 59/8, \\ f_4^Y = 465/16,\ f_5^Y = 2259/32,\ f_6^Y = 14745/64, \\ f_7^Y = 89643/128,\ f_8^Y = 570017/256,\ f_9^Y = 4451395/512, \\ f_{10}^Y = 33678825/1024,\ f_{11}^Y = 266862875/2048 \end{array}\right\} \tag{3.88}$$

b.　移動度関数 $x^a_{\alpha\beta}$ と $y^a_{\alpha\beta}$ の表式

球同士がほぼ接触状態に対して，

$$\left.\begin{array}{l} (6\pi a)x_{11}^a = 0.7750 + 0.930\xi + 0.900\xi^2 \ln\xi - 2.685\xi^2 \\ \qquad\qquad + O(\xi^3(\ln\xi)^2) \\ (6\pi a)x_{12}^a = 0.7750 - 1.070\xi - 0.900\xi^2 \ln\xi + 2.697\xi^2 \\ \qquad\qquad + O(\xi^3(\ln\xi)^2) \end{array}\right\} \tag{3.89}$$

$$\left.\begin{array}{l} (6\pi a)y_{11}^a = \dfrac{0.89056(\ln\xi^{-1})^2 + 5.77196\ln\xi^{-1} + 7.06897}{(\ln\xi^{-1})^2 + 6.04250\ln\xi^{-1} + 6.32549} \\ \qquad\qquad + O(\xi(\ln\xi)^3) \\ (6\pi a)y_{12}^a = \dfrac{0.48951(\ln\xi^{-1})^2 + 2.80545\ln\xi^{-1} + 1.98174}{(\ln\xi^{-1})^2 + 6.04250\ln\xi^{-1} + 6.32549} \\ \qquad\qquad + O(\xi(\ln\xi)^3) \end{array}\right\} \tag{3.90}$$

球同士が接触状態から十分離れた状態に対して，

$$x_{11}^a = \frac{1}{6\pi a}\sum_{k=0}^{\infty}\left(\frac{1}{2s}\right)^{2k} f_{2k}^x\ , \quad x_{12}^a = -\frac{1}{6\pi a}\sum_{k=0}^{\infty}\left(\frac{1}{2s}\right)^{2k+1} f_{2k+1}^x \tag{3.91}$$

$$y_{11}^a = \frac{1}{6\pi a}\sum_{k=0}^{\infty}\left(\frac{1}{2s}\right)^{2k} f_{2k}^y\ , \quad y_{12}^a = \frac{1}{6\pi a}\sum_{k=0}^{\infty}\left(\frac{1}{2s}\right)^{2k+1} f_{2k+1}^y \tag{3.92}$$

ただし,

$$\left.\begin{array}{c} f_0^x = 1,\ f_1^x = -3,\ f_2^x = 0,\ f_3^x = 8,\ f_4^x = -60, \\ f_5^x = 0,\ f_6^x = 352,\ f_7^x = -2400,\ f_8^x = 2688, \\ f_9^x = 3840,\ f_{10}^x = -85504,\ f_{11}^x = 201216 \end{array}\right\} \tag{3.93}$$

$$\left.\begin{array}{c} f_0^y = 1,\ f_1^y = 3/2,\ f_2^y = 0,\ f_3^y = 4,\ f_4^y = f_5^y = 0,\ f_6^y = -68, \\ f_7^y = 0,\ f_8^y = -320,\ f_9^y = 0,\ f_{10}^y = -4416,\ f_{11}^y = 9072 \end{array}\right\} \tag{3.94}$$

文　　献

1) S. Kim and S.J. Karrila, "Microhydrodynamics: Principles and Selected Applications", Butterworth-Heinemann, Stoneham (1991).
2) 伊藤英覚・本田　睦, "流体力学", 丸善 (1981).
3) H. Brenner, "Rheology of a Dilute Suspension of Axisymmetric Brownian Particles", Int. J. Multiphase Flow, 1(1974), 195.
4) W.B. Russel, et al., "Colloidal Dispersions", Cambridge University Press, Cambridge (1989).
5) J. Rotne and S. Prager, "Variational Treatment of Hydrodynamic Interaction in Polymers", J. Chem. Phys., 50(1969), 4831.

4

非希釈コロイド分散系における粒子間の流体力学的相互作用の近似法

前章にて2粒子が流体中を運動する場合の理論を述べた．多数の粒子が分散した実際のコロイド分散系の場合，その流れ場が厳密に解ければ問題はないが，現実的にはそれは不可能である．3粒子系の場合でさえ，非常に困難である．そこで，2粒子系の理論を多粒子系へと拡張して，粒子間の多体相互作用を近似的に取り扱う方法が取られる．このような近似法として，力加算近似 (additivity of forces) と速度加算近似 (additivity of velocities) がある．以下に見るように，力加算近似は潤滑効果をより厳密に再現することができるが，シミュレーションにおいては，抵抗行列の逆行列を求めなければならず，計算時間の観点から非常に小さな系に制限されてしまう．一方，速度加算近似では逆行列の計算は必要なく，より大きな系に適用できるが，潤滑効果の再現の精度は力加算近似と比較してかなり劣る．以下これらの近似法について述べる．なお，より高精度で多体相互作用を取り入れる方法は第10章で示す．

4.1 力加算近似

分子から構成される純粋な液体の内部構造や物性を統計力学的な手法に従って理論的に求める場合，分子間の相互作用を2体相互作用で近似し，3体以上の相互作用を無視して解析を進める場合がかなり多い．このような近似を用いても液体の本質的な性質はかなりの精度で求めることができる．多数の粒子が分散しているコロイド分散系の場合も，類似の近似が可能である．ただし，粒子間の流体力学的相互作用はまわりの流体を介して作用するので，純粋な液体系とは本質的に異なることに注意しなければならない．

式 (3.62) で示した関係を粒子α, βに対して用いると，粒子αがまわりの流体に作用する力$\boldsymbol{F}_\alpha$は次のように書ける．

$$\begin{aligned}\boldsymbol{F}_\alpha/\eta = &\boldsymbol{A}_{\alpha\alpha}\cdot(\boldsymbol{v}_\alpha - \boldsymbol{U}(\boldsymbol{r}_\alpha)) + \boldsymbol{A}_{\alpha\beta}\cdot(\boldsymbol{v}_\beta - \boldsymbol{U}(\boldsymbol{r}_\beta))\\ &+ \tilde{\boldsymbol{B}}_{\alpha\alpha}\cdot(\boldsymbol{\omega}_\alpha - \boldsymbol{\Omega}) + \tilde{\boldsymbol{B}}_{\alpha\beta}\cdot(\boldsymbol{\omega}_\beta - \boldsymbol{\Omega}) - (\tilde{\boldsymbol{G}}_{\alpha\alpha} + \tilde{\boldsymbol{G}}_{\alpha\beta}) : \boldsymbol{E}\end{aligned} \tag{4.1}$$

この力$\boldsymbol{F}_\alpha$は粒子βが存在しないときの力$\boldsymbol{F}_\alpha^\infty$と粒子$\beta$の影響による力$\Delta\boldsymbol{F}_{\alpha\beta}$の和として，

$$\boldsymbol{F}_\alpha = \boldsymbol{F}_\alpha^\infty + \Delta\boldsymbol{F}_{\alpha\beta} \tag{4.2}$$

のように書ける．ここに，$\boldsymbol{F}_\alpha^\infty$は$\boldsymbol{F}_\alpha$の式において粒子間の距離を無限大にすることにより容易に得られ，次のようになる．

$$\boldsymbol{F}_\alpha^\infty/\eta = \boldsymbol{A}_{\alpha\alpha}^\infty\cdot(\boldsymbol{v}_\alpha - \boldsymbol{U}(\boldsymbol{r}_\alpha)) + \tilde{\boldsymbol{B}}_{\alpha\alpha}^\infty\cdot(\boldsymbol{\omega}_\alpha - \boldsymbol{\Omega}) - \tilde{\boldsymbol{G}}_{\alpha\alpha}^\infty : \boldsymbol{E} \tag{4.3}$$

以上の導出に際しては，テンソル$\boldsymbol{A}_{\alpha\beta}^\infty, \tilde{\boldsymbol{B}}_{\alpha\beta}^\infty, \tilde{\boldsymbol{G}}_{\alpha\beta}^\infty$の諸量は粒子間距離が無限大になるとゼロに漸近する性質を有するので省略してある．したがって，粒子βの存在による補正項$\Delta\boldsymbol{F}_{\alpha\beta}$が次のように求まる．

$$\begin{aligned}\Delta\boldsymbol{F}_{\alpha\beta}/\eta = &(\boldsymbol{A}_{\alpha\alpha} - \boldsymbol{A}_{\alpha\alpha}^\infty)\cdot(\boldsymbol{v}_\alpha - \boldsymbol{U}(\boldsymbol{r}_\alpha)) + \boldsymbol{A}_{\alpha\beta}\cdot(\boldsymbol{v}_\beta - \boldsymbol{U}(\boldsymbol{r}_\beta))\\ &+ (\tilde{\boldsymbol{B}}_{\alpha\alpha} - \tilde{\boldsymbol{B}}_{\alpha\alpha}^\infty)\cdot(\boldsymbol{\omega}_\alpha - \boldsymbol{\Omega}) + \tilde{\boldsymbol{B}}_{\alpha\beta}\cdot(\boldsymbol{\omega}_\beta - \boldsymbol{\Omega})\\ &- \{(\tilde{\boldsymbol{G}}_{\alpha\alpha} - \tilde{\boldsymbol{G}}_{\alpha\alpha}^\infty) + \tilde{\boldsymbol{G}}_{\alpha\beta}\} : \boldsymbol{E}\end{aligned} \tag{4.4}$$

この式において，$\boldsymbol{A}_{\alpha\alpha}, \tilde{\boldsymbol{B}}_{\alpha\alpha}, \tilde{\boldsymbol{G}}_{\alpha\alpha}$には$\beta$の添字が付いていないが，粒子$\beta$の位置に依存する量であることに注意しなければならない．

さて，力加算の対象となるのは他の粒子による影響分の項のみなので，系内の他のすべての粒子からの影響を加算することにより，力加算近似における粒子αがまわりの流体に作用する力$\boldsymbol{F}_\alpha$が次のように得られる．

$$\boldsymbol{F}_\alpha = \boldsymbol{F}_\alpha^\infty + \sum_{\beta=1(\neq\alpha)}^{N} \Delta\boldsymbol{F}_{\alpha\beta} \tag{4.5}$$

粒子αがまわりの流体に及ぼすトルク$\boldsymbol{T}_\alpha$も同様に表すことができ，結局全体を行列の形式で表せば，次のようになる．

$$\begin{bmatrix} \boldsymbol{F}_1 \\ \boldsymbol{F}_2 \\ \vdots \\ \boldsymbol{F}_N \\ \boldsymbol{T}_1 \\ \boldsymbol{T}_2 \\ \vdots \\ \boldsymbol{T}_N \end{bmatrix} = \eta \begin{bmatrix} \boldsymbol{A}'_{11} & \boldsymbol{A}_{12} & \cdots & \boldsymbol{A}_{1N} & \tilde{\boldsymbol{B}}'_{11} & \tilde{\boldsymbol{B}}_{12} & \cdots & \tilde{\boldsymbol{B}}_{1N} \\ \boldsymbol{A}_{21} & \boldsymbol{A}'_{22} & \cdots & \boldsymbol{A}_{2N} & \tilde{\boldsymbol{B}}_{21} & \tilde{\boldsymbol{B}}'_{22} & \cdots & \tilde{\boldsymbol{B}}_{2N} \\ \vdots & \vdots & & \vdots & \vdots & \vdots & & \vdots \\ \boldsymbol{A}_{N1} & \boldsymbol{A}_{N2} & \cdots & \boldsymbol{A}'_{NN} & \tilde{\boldsymbol{B}}_{N1} & \tilde{\boldsymbol{B}}_{N2} & \cdots & \tilde{\boldsymbol{B}}'_{NN} \\ \boldsymbol{B}'_{11} & \boldsymbol{B}_{12} & \cdots & \boldsymbol{B}_{1N} & \boldsymbol{C}'_{11} & \boldsymbol{C}_{12} & \cdots & \boldsymbol{C}_{1N} \\ \boldsymbol{B}_{21} & \boldsymbol{B}'_{22} & \cdots & \boldsymbol{B}_{2N} & \boldsymbol{C}_{21} & \boldsymbol{C}'_{22} & \cdots & \boldsymbol{C}_{2N} \\ \vdots & \vdots & & \vdots & \vdots & \vdots & & \vdots \\ \boldsymbol{B}_{N1} & \boldsymbol{B}_{N2} & \cdots & \boldsymbol{B}'_{NN} & \boldsymbol{C}_{N1} & \boldsymbol{C}_{N2} & \cdots & \boldsymbol{C}'_{NN} \end{bmatrix} \begin{bmatrix} \boldsymbol{v}_1 - \boldsymbol{U}(\boldsymbol{r}_1) \\ \boldsymbol{v}_2 - \boldsymbol{U}(\boldsymbol{r}_2) \\ \vdots \\ \boldsymbol{v}_N - \boldsymbol{U}(\boldsymbol{r}_N) \\ \boldsymbol{\omega}_1 - \boldsymbol{\Omega} \\ \boldsymbol{\omega}_2 - \boldsymbol{\Omega} \\ \vdots \\ \boldsymbol{\omega}_N - \boldsymbol{\Omega} \end{bmatrix} - \eta \begin{bmatrix} \tilde{\boldsymbol{G}}'_1 \\ \tilde{\boldsymbol{G}}'_2 \\ \vdots \\ \tilde{\boldsymbol{G}}'_N \\ \tilde{\boldsymbol{H}}'_1 \\ \tilde{\boldsymbol{H}}'_2 \\ \vdots \\ \tilde{\boldsymbol{H}}'_N \end{bmatrix} \boldsymbol{E} \tag{4.6}$$

ここに，上付き添字プライムの付いた量は次のとおりである．

$$\boldsymbol{A}'_{\alpha\alpha} = \boldsymbol{A}^{\infty}_{\alpha\alpha} + \sum_{\beta=1(\neq\alpha)}^{N} (\boldsymbol{A}_{\alpha\alpha} - \boldsymbol{A}^{\infty}_{\alpha\alpha}) \quad (\alpha = 1, 2, \cdots, N) \tag{4.7}$$

$$\tilde{\boldsymbol{B}}'_{\alpha\alpha} = \tilde{\boldsymbol{B}}^{\infty}_{\alpha\alpha} + \sum_{\beta=1(\neq\alpha)}^{N} (\tilde{\boldsymbol{B}}_{\alpha\alpha} - \tilde{\boldsymbol{B}}^{\infty}_{\alpha\alpha}) \quad (\alpha = 1, 2, \cdots, N) \tag{4.8}$$

$$\boldsymbol{B}'_{\alpha\alpha} = \boldsymbol{B}^{\infty}_{\alpha\alpha} + \sum_{\beta=1(\neq\alpha)}^{N} (\boldsymbol{B}_{\alpha\alpha} - \boldsymbol{B}^{\infty}_{\alpha\alpha}) \quad (\alpha = 1, 2, \cdots, N) \tag{4.9}$$

$$\boldsymbol{C}'_{\alpha\alpha} = \boldsymbol{C}^{\infty}_{\alpha\alpha} + \sum_{\beta=1(\neq\alpha)}^{N} (\boldsymbol{C}_{\alpha\alpha} - \boldsymbol{C}^{\infty}_{\alpha\alpha}) \quad (\alpha = 1, 2, \cdots, N) \tag{4.10}$$

$$\tilde{\boldsymbol{G}}'_{\alpha} = \tilde{\boldsymbol{G}}^{\infty}_{\alpha\alpha} + \sum_{\beta=1(\neq\alpha)}^{N} \left\{ (\tilde{\boldsymbol{G}}_{\alpha\alpha} - \tilde{\boldsymbol{G}}^{\infty}_{\alpha\alpha}) + \tilde{\boldsymbol{G}}_{\alpha\beta} \right\} \quad (\alpha = 1, 2, \cdots, N) \tag{4.11}$$

$$\tilde{\boldsymbol{H}}'_{\alpha} = \tilde{\boldsymbol{H}}^{\infty}_{\alpha\alpha} + \sum_{\beta=1(\neq\alpha)}^{N} \left\{ (\tilde{\boldsymbol{H}}_{\alpha\alpha} - \tilde{\boldsymbol{H}}^{\infty}_{\alpha\alpha}) + \tilde{\boldsymbol{H}}_{\alpha\beta} \right\} \quad (\alpha = 1, 2, \cdots, N) \tag{4.12}$$

式 (4.6) において，力とトルクのベクトルからなる左辺の行列をまとめて$\hat{\boldsymbol{F}}$で表し，同様に速度と角速度のベクトルからなる行列を$\hat{\boldsymbol{v}}$, 抵抗行列を$\boldsymbol{R}$, $\tilde{\boldsymbol{G}}'_1 \sim \tilde{\boldsymbol{H}}'_N$からなる行列を$\boldsymbol{\Phi}$で表せば，式 (4.6) は次のような単純な式で表すことができる．

$$\hat{\boldsymbol{F}} = \eta(\boldsymbol{R} \cdot \hat{\boldsymbol{v}} - \boldsymbol{\Phi} : \boldsymbol{E}) \tag{4.13}$$

この式を用いると，速度$\hat{\boldsymbol{v}}$が次のように得られる．

$$\hat{\boldsymbol{v}} = \boldsymbol{R}^{-1} \cdot (\hat{\boldsymbol{F}}/\eta + \boldsymbol{\Phi} : \boldsymbol{E}) \tag{4.14}$$

以上では，力とトルクに関してのみ論じたが，応力極についても同様の手続きにより加算近似を用いた類似の式を導出できる．

上述の議論からわかるように，力加算近似を用いたシミュレーションの場合，抵抗行列の逆行列を求める計算が各時間ステップで必要となる．このことにより，この方法は非常に計算時間を要することになり，したがって，シミュレーションにおいては小さな系に限定されてしまうのが通常である．例えば，もし$N = 100$の 3 次元系を対象とする場合，速度と角速度を合わせて6×100個の変数が現れ，ゆえに600×600の抵抗行列の逆行列を計算しなければならない．一方，他の粒子とほぼ接触状態にあるとき生じる潤滑効果 (lubrication effect)[1)] は 2 体相互作用のレベルでは厳密に含まれており，さらに他の粒子からの潤滑効果がそれに起因する力の和として再現されているので，その結果生じる粒子の速度も粒子と粒子の重なりを回避するように発生する．したがって，流体力学的多体相互作用をより厳密に再現することができるということが言える．

次節に移る前に，半径aの剛体球の場合の式 (4.7)〜(4.12) に出てくる上付き添字∞で示した抵抗テンソルの式を示す．式 (3.71),(3.72) および第 3.3.5 項と付録 A2 を参考にすると，次のようになる．

$$\left.\begin{array}{lll} \boldsymbol{A}^{\infty}_{\alpha\alpha} = 6\pi a\boldsymbol{I} \quad , & \tilde{\boldsymbol{B}}^{\infty}_{\alpha\alpha} = 0 \quad , & \boldsymbol{B}^{\infty}_{\alpha\alpha} = 0 \\ \boldsymbol{C}^{\infty}_{\alpha\alpha} = 8\pi a^3\boldsymbol{I} \quad , & \tilde{\boldsymbol{G}}^{\infty}_{\alpha\alpha} = 0 \quad , & \tilde{\boldsymbol{H}}^{\infty}_{\alpha\alpha} = 0 \end{array}\right\} \tag{4.15}$$

4.2 速度加算近似

力加算近似と同様に，式 (3.65) を粒子α,β間の関係に書き直せば，粒子αの速度$\boldsymbol{v}_\alpha$は次のように書ける．

$$\boldsymbol{v}_\alpha - \boldsymbol{U}(\boldsymbol{r}_\alpha) = \frac{1}{\eta}\Big\{\boldsymbol{a}_{\alpha\alpha}\cdot\boldsymbol{F}_\alpha + \boldsymbol{a}_{\alpha\beta}\cdot\boldsymbol{F}_\beta + \tilde{\boldsymbol{b}}_{\alpha\alpha}\cdot\boldsymbol{T}_\alpha + \tilde{\boldsymbol{b}}_{\alpha\beta}\cdot\boldsymbol{T}_\beta\Big\} + \tilde{\boldsymbol{g}}_\alpha : \boldsymbol{E} \quad (4.16)$$

この式の右辺を，粒子βが存在しないときの項と粒子βの影響による項とに分解して，

$$\boldsymbol{v}_\alpha = \boldsymbol{v}_\alpha^\infty + \Delta\boldsymbol{v}_{\alpha\beta} \quad (4.17)$$

のように書くと，$\boldsymbol{v}_\alpha^\infty$と$\Delta\boldsymbol{v}_{\alpha\beta}$はそれぞれ次のように書ける．

$$\boldsymbol{v}_\alpha^\infty - \boldsymbol{U}(\boldsymbol{r}_\alpha) = \frac{1}{\eta}\Big\{\boldsymbol{a}_{\alpha\alpha}^\infty\cdot\boldsymbol{F}_\alpha + \tilde{\boldsymbol{b}}_{\alpha\alpha}^\infty\cdot\boldsymbol{T}_\alpha\Big\} + \tilde{\boldsymbol{g}}_\alpha^\infty : \boldsymbol{E} \quad (4.18)$$

$$\Delta\boldsymbol{v}_{\alpha\beta} = \frac{1}{\eta}\Big\{(\boldsymbol{a}_{\alpha\alpha} - \boldsymbol{a}_{\alpha\alpha}^\infty)\cdot\boldsymbol{F}_\alpha + \boldsymbol{a}_{\alpha\beta}\cdot\boldsymbol{F}_\beta + (\tilde{\boldsymbol{b}}_{\alpha\alpha} - \tilde{\boldsymbol{b}}_{\alpha\alpha}^\infty)\cdot\boldsymbol{T}_\alpha + \tilde{\boldsymbol{b}}_{\alpha\beta}\cdot\boldsymbol{T}_\beta\Big\} + (\tilde{\boldsymbol{g}}_\alpha - \tilde{\boldsymbol{g}}_\alpha^\infty) : \boldsymbol{E} \quad (4.19)$$

前節と同様に，上付き添字 ∞ が付いた量は粒子間距離を無限大にして得られた量であることを意味し，またテンソル$\boldsymbol{a}_{\alpha\beta}^\infty,\tilde{\boldsymbol{b}}_{\alpha\beta}^\infty$がゼロになる性質を考慮している．さらに，$\boldsymbol{a}_{\alpha\alpha},\tilde{\boldsymbol{b}}_{\alpha\alpha},\tilde{\boldsymbol{g}}_\alpha$は粒子$\beta$の位置に依存する量である．他の粒子からの寄与を加算する速度加算近似を用いれば，粒子αの速度$\boldsymbol{v}_\alpha$が次のように得られる．

$$\boldsymbol{v}_\alpha = \boldsymbol{v}_\alpha^\infty + \sum_{\beta=1(\neq\alpha)}^{N}\Delta\boldsymbol{v}_{\alpha\beta} \quad (4.20)$$

以上においては粒子の速度について述べたが，角速度についても同様に表すことができ，結局全粒子の速度と角速度を行列の形で表せば，次のように書ける．

$$\begin{bmatrix} \boldsymbol{v}_1 - \boldsymbol{U}(\boldsymbol{r}_1) \\ \boldsymbol{v}_2 - \boldsymbol{U}(\boldsymbol{r}_2) \\ \vdots \\ \boldsymbol{v}_N - \boldsymbol{U}(\boldsymbol{r}_N) \\ \boldsymbol{\omega}_1 - \boldsymbol{\Omega} \\ \boldsymbol{\omega}_2 - \boldsymbol{\Omega} \\ \vdots \\ \boldsymbol{\omega}_N - \boldsymbol{\Omega} \end{bmatrix} = \frac{1}{\eta} \begin{bmatrix} \boldsymbol{a}'_{11}\ \boldsymbol{a}_{12} \cdots \boldsymbol{a}_{1N}\ \tilde{\boldsymbol{b}}'_{11}\ \tilde{\boldsymbol{b}}_{12} \cdots \tilde{\boldsymbol{b}}_{1N} \\ \boldsymbol{a}_{21}\ \boldsymbol{a}'_{22} \cdots \boldsymbol{a}_{2N}\ \tilde{\boldsymbol{b}}_{21}\ \tilde{\boldsymbol{b}}'_{22} \cdots \tilde{\boldsymbol{b}}_{2N} \\ \vdots \quad \vdots \qquad \vdots \quad \vdots \quad \vdots \qquad \vdots \\ \boldsymbol{a}_{N1} \boldsymbol{a}_{N2} \cdots \boldsymbol{a}'_{NN} \tilde{\boldsymbol{b}}_{N1} \tilde{\boldsymbol{b}}_{N2} \cdots \tilde{\boldsymbol{b}}'_{NN} \\ \boldsymbol{b}'_{11}\ \boldsymbol{b}_{12} \cdots \boldsymbol{b}_{1N}\ \boldsymbol{c}'_{11}\ \boldsymbol{c}_{12} \cdots \boldsymbol{c}_{1N} \\ \boldsymbol{b}_{21}\ \boldsymbol{b}'_{22} \cdots \boldsymbol{b}_{2N}\ \boldsymbol{c}_{21}\ \boldsymbol{c}'_{22} \cdots \boldsymbol{c}_{2N} \\ \vdots \quad \vdots \qquad \vdots \quad \vdots \quad \vdots \qquad \vdots \\ \boldsymbol{b}_{N1} \boldsymbol{b}_{N2} \cdots \boldsymbol{b}'_{NN} \boldsymbol{c}_{N1} \boldsymbol{c}_{N2} \cdots \boldsymbol{c}'_{NN} \end{bmatrix} \begin{bmatrix} \boldsymbol{F}_1 \\ \boldsymbol{F}_2 \\ \vdots \\ \boldsymbol{F}_N \\ \boldsymbol{T}_1 \\ \boldsymbol{T}_2 \\ \vdots \\ \boldsymbol{T}_N \end{bmatrix} + \begin{bmatrix} \tilde{\boldsymbol{g}}'_1 \\ \tilde{\boldsymbol{g}}'_2 \\ \vdots \\ \tilde{\boldsymbol{g}}'_N \\ \tilde{\boldsymbol{h}}'_1 \\ \tilde{\boldsymbol{h}}'_2 \\ \vdots \\ \tilde{\boldsymbol{h}}'_N \end{bmatrix} \boldsymbol{E} \tag{4.21}$$

ここに，上付き添字プライムの付いた量は次のとおりである．

$$\boldsymbol{a}'_{\alpha\alpha} = \boldsymbol{a}^{\infty}_{\alpha\alpha} + \sum_{\beta=1(\neq\alpha)}^{N} (\boldsymbol{a}_{\alpha\alpha} - \boldsymbol{a}^{\infty}_{\alpha\alpha}) \qquad (\alpha = 1, 2, \cdots, N) \tag{4.22}$$

$$\tilde{\boldsymbol{b}}'_{\alpha\alpha} = \tilde{\boldsymbol{b}}^{\infty}_{\alpha\alpha} + \sum_{\beta=1(\neq\alpha)}^{N} (\tilde{\boldsymbol{b}}_{\alpha\alpha} - \tilde{\boldsymbol{b}}^{\infty}_{\alpha\alpha}) \qquad (\alpha = 1, 2, \cdots, N) \tag{4.23}$$

$$\boldsymbol{b}'_{\alpha\alpha} = \boldsymbol{b}^{\infty}_{\alpha\alpha} + \sum_{\beta=1(\neq\alpha)}^{N} (\boldsymbol{b}_{\alpha\alpha} - \boldsymbol{b}^{\infty}_{\alpha\alpha}) \qquad (\alpha = 1, 2, \cdots, N) \tag{4.24}$$

$$\boldsymbol{c}'_{\alpha\alpha} = \boldsymbol{c}^{\infty}_{\alpha\alpha} + \sum_{\beta=1(\neq\alpha)}^{N} (\boldsymbol{c}_{\alpha\alpha} - \boldsymbol{c}^{\infty}_{\alpha\alpha}) \qquad (\alpha = 1, 2, \cdots, N) \tag{4.25}$$

$$\tilde{\boldsymbol{g}}'_{\alpha} = \tilde{\boldsymbol{g}}^{\infty}_{\alpha} + \sum_{\beta=1(\neq\alpha)}^{N} (\tilde{\boldsymbol{g}}_{\alpha} - \tilde{\boldsymbol{g}}^{\infty}_{\alpha}) \qquad (\alpha = 1, 2, \cdots, N) \tag{4.26}$$

$$\tilde{\boldsymbol{h}}'_{\alpha} = \tilde{\boldsymbol{h}}^{\infty}_{\alpha} + \sum_{\beta=1(\neq\alpha)}^{N} (\tilde{\boldsymbol{h}}_{\alpha} - \tilde{\boldsymbol{h}}^{\infty}_{\alpha}) \qquad (\alpha = 1, 2, \cdots, N) \tag{4.27}$$

式 (4.6) の場合と同様に，式 (4.21) の左辺を一つの行列 $\hat{\boldsymbol{v}}$, 右辺の力とトルクからなる行列を $\hat{\boldsymbol{F}}$, 移動度行列を $\boldsymbol{M}$, $\tilde{\boldsymbol{g}}'_1 \sim \tilde{\boldsymbol{h}}'_N$ からなる行列を $\boldsymbol{\Psi}$ で表せば，式 (4.21) は次のような単純な式に書き直せる．

$$\hat{\boldsymbol{v}} = \boldsymbol{M} \cdot \hat{\boldsymbol{F}}/\eta + \boldsymbol{\Psi} : \boldsymbol{E} \tag{4.28}$$

式(4.28)が速度加算近似を用いた粒子の速度と角速度の表式である．この式からわかるように，力加算近似とは異なり，速度と角速度を得るのに，ある行列の逆行列を計算する必要はない．したがって，速度加算近似を用いたシミュレーションの場合，より大きな系を対象とすることが可能となる．しかしながら，この近似法を用いた場合，潤滑効果による粒子間相互作用の効果が速度加算という形で多体相互作用の近似として入っているに過ぎず，必ずしも粒子同士の重なりを回避するような形にはなっていない．このことは式(4.14)と式(4.28)を比較することで理解できる．2粒子間の潤滑効果はどちらも正確な形で入っているが，速度を求めるときに，速度加算近似では単に2体相互作用の加算の形でしか潤滑効果は反映されないが，力加算近似では抵抗行列の逆行列の計算を通して間接的に多体相互作用の形で速度に反映されることがわかる．以上のように，多体相互作用としての潤滑効果の再現が，速度加算近似では精度が落ちるため，物理的に不可能な粒子同士の重なりを許してしまうことが生じる．したがって，剛体球を用いた粒子系を対象としたシミュレーションの場合，系の発散などの致命的な欠陥につながる恐れがあるので，使用に際しては十分な注意が必要である．しかしながら，現実的なコロイド分散系のモデルとしては，電気二重層[2)]や界面活性剤による粒子間斥力[3)]を考慮したモデル分散系を対象とするのが通常なので，上記の欠点は重要な問題とはならないということが言える．

最後に，半径 a の剛体球の場合の式(4.22)～(4.27)に出てくる上付き添字 ∞ を付した移動度テンソルの式を示す．式(3.73),(3.74)および第3.3.5項と付録A2を参考にすると，次のようになる．

$$\left.\begin{array}{lll} \boldsymbol{a}_{\alpha\alpha}^{\infty}=\dfrac{1}{6\pi a}\boldsymbol{I} \quad , & \tilde{\boldsymbol{b}}_{\alpha\alpha}^{\infty}=0 \quad , & \boldsymbol{b}_{\alpha\alpha}^{\infty}=0 \\ \boldsymbol{c}_{\alpha\alpha}^{\infty}=\dfrac{1}{8\pi a^3}\boldsymbol{I} \quad , & \tilde{\boldsymbol{g}}_{\alpha}^{\infty}=0 \quad , & \tilde{\boldsymbol{h}}_{\alpha}^{\infty}=0 \end{array}\right\} \tag{4.29}$$

文　　献

1) 伊藤英覚・本田　睦, "流体力学", 丸善 (1981).
2) 立花太郎・ほか6名, "コロイド化学", 共立出版 (1981).
3) R.E. Rosensweig, "Ferrohydrodynamics", Cambridge University Press, Cambridge(1985).

5

希釈コロイド分散系の動力学法

コロイド分散系が希釈で粒子間相互作用が無視でき，かつ，粒子のブラウン運動が無視できる場合には，分子動力学的手法がそのまま適用できる．この章ではこのような希釈なコロイド分散系を対象とした分子動力学法について述べる．コロイド粒子の初期配置の設定法やせん断流の発生法，それに伴う境界条件等は第2巻「分子動力学シミュレーション」で詳しく論じているので，ここでは省略することにする．以下，実用的な価値が非常に大きい球状粒子系と回転楕円体系について述べる．

5.1　球状粒子系の分子動力学

球状粒子のコロイド分散系で，粒子の回転運動が無視できる場合には，粒子の並進運動のみに着目すればよい．球状粒子 i の質量を m_i, 位置ベクトルを $\boldsymbol{r}_i$, 速度ベクトルを $\boldsymbol{v}_i$, 他の粒子から粒子 i に作用する力を $\boldsymbol{F}_i$ とすれば，粒子 i の運動方程式は次のように書ける．

$$m_i \frac{d^2 \boldsymbol{r}_i}{dt^2} = \boldsymbol{F}_i - \xi_i \boldsymbol{v}_i \tag{5.1}$$

ここに，ξ_i は摩擦係数で半径 a_i の球状粒子の場合にはストークスの抵抗法則より $\xi_i = 6\pi\eta a_i$ となる．η は母液の粘度である．コロイド分散系のほとんどの流体問題においては，式 (5.1) の左辺の慣性項が省略でき，次のような簡単な式に帰着する．

$$\boldsymbol{v}_i = \boldsymbol{F}_i / \xi_i \tag{5.2}$$

系を構成するすべてのコロイド粒子に関して，式 (5.1) と類似の式が存在する．

さてここで，どのような場合に式 (5.1) の慣性項が省略できるかを示す．いま，議論の簡単化のために，質量 m で半径 a が等しい粒子系を考える．方程式 (5.1) を無次元化するために，代表値として，力を F_0, 距離を $2a$, 速度を $F_0/6\pi\eta a$, 時間を $2a/(F_0/6\pi\eta a)$ と取ると，式 (5.1) は次のように無次元化できる．

$$\frac{mF_0}{(6\pi\eta a)^2 2a} \cdot \frac{d^2 \boldsymbol{r}_i^*}{dt^{*2}} = \boldsymbol{F}_i^* - \boldsymbol{v}_i^* \tag{5.3}$$

ここに，上付き添字*の付いた量が無次元化された量である．式 (5.3) の左辺に現れた無次元数が，

$$\frac{mF_0}{(6\pi\eta a)^2 2a} \ll 1 \tag{5.4}$$

なる条件を満足するとき，式 (5.1) の慣性項が省略でき，式 (5.2) に帰着する．式 (5.4) の条件はコロイド分散系の多くの場合満足される．式 (5.4) の条件は，慣性項を無視した場合の現象の特性時間 $t_f(= 12\pi\eta a^2/F_0)$ と摩擦項を無視した場合の現象の特性時間 $t_m(= (2ma/F_0)^{1/2})$ とを比較することでも得られる．すなわち，慣性項が省略できるためには，次の条件が満足されなければならない．

$$t_m \ll t_f \tag{5.5}$$

この条件が式 (5.4) と等価であることは明らかである．

元の議論に戻る．もし粒子が磁気的な性質を有するならば，粒子 i に作用する力は他の粒子が粒子 i に作用する磁気力の和に等しくなる．したがって，ある時間 t における粒子配置が既知ならば，力 $\boldsymbol{F}_i$ が計算でき，すべての粒子の時間 t における速度が式 (5.2) より計算できることになる．ゆえに，次の時間ステップ $(t + \Delta t)$ における粒子位置が $\boldsymbol{v}_i(t) = d\boldsymbol{r}_i(t)/dt$ の差分化した次式より計算できる．

$$\boldsymbol{r}_i(t + \Delta t) = \boldsymbol{r}_i(t) + \Delta t \boldsymbol{v}_i(t) \tag{5.6}$$

以上から明らかなように，コロイド分散系の分子動力学シミュレーションにおいては，初期状態として粒子配置を与えれば，そのときの速度は式 (5.2) の関係

より得られるので，分子系の分子動力学シミュレーションのようにマクスウェル分布に従うような設定は必要ない．換言すれば，系の温度は粒子間力および母液の粘度を通して間接的に現れるに過ぎず，分子系のように粒子の熱速度から温度を定義することはできないので注意されたい．

5.2　回転楕円体粒子系の分子動力学

第 3.1.2 項で見たように，回転楕円体のような軸対称粒子の場合，並進運動と回転運動は連成することはなく，別々に取り扱うことができる．さらに，並進運動は粒子の軸に平行な方向と垂直な方向に分解して，別々に処理できることがわかる．

粒子の方向を表す粒子の軸に平行な単位ベクトルを$\boldsymbol{n}_i$で表し，粒子がまわりの流体に作用する力を$\boldsymbol{F}_i$, その力を粒子軸方向とそれに垂直な方向に分解して$\boldsymbol{F}_i^{\|}$と$\boldsymbol{F}_i^{\perp}$で表せば，粒子の軸方向およびそれに垂直な方向の速度$\boldsymbol{v}_i^{\|}$と$\boldsymbol{v}_i^{\perp}$は，式 (3.24) もしくは (3.13) より次のように得られる．

$$\boldsymbol{v}_i^{\|} = \boldsymbol{U}^{\|}(\boldsymbol{r}_i) + \frac{1}{6\pi\eta a_i X^A}\boldsymbol{F}_i^{\|} \tag{5.7}$$

$$\boldsymbol{v}_i^{\perp} = \boldsymbol{U}^{\perp}(\boldsymbol{r}_i) + \frac{1}{6\pi\eta a_i Y^A}\boldsymbol{F}_i^{\perp} \tag{5.8}$$

ここに，$\boldsymbol{U}^{\|}(\boldsymbol{r}_i)$ と$\boldsymbol{U}^{\perp}(\boldsymbol{r}_i)$ は粒子が存在しないときの位置$\boldsymbol{r}_i$における流体の粒子軸に平行な方向と垂直な方向の速度ベクトルであり，X^AとY^Aは式 (3.8) または (3.26) に示したとおりである．粒子の速度$\boldsymbol{v}_i$は$\boldsymbol{v}_i^{\|}$と$\boldsymbol{v}_i^{\perp}$の和として$\boldsymbol{v}_i = \boldsymbol{v}_i^{\|} + \boldsymbol{v}_i^{\perp}$で与えられる．なお，式 (5.7) と (5.8) を用いるに当たり，次の関係式を考慮する必要がある．

$$\boldsymbol{F}_i^{\|} = (\boldsymbol{F}_i \cdot \boldsymbol{n}_i)\boldsymbol{n}_i\ , \quad \boldsymbol{F}_i^{\perp} = \boldsymbol{F}_i - (\boldsymbol{F}_i \cdot \boldsymbol{n}_i)\boldsymbol{n}_i \tag{5.9}$$

$$\boldsymbol{U}_i^{\|} = (\boldsymbol{U}_i \cdot \boldsymbol{n}_i)\boldsymbol{n}_i\ , \quad \boldsymbol{U}_i^{\perp} = \boldsymbol{U}_i - (\boldsymbol{U}_i \cdot \boldsymbol{n}_i)\boldsymbol{n}_i \tag{5.10}$$

粒子がまわりの流体に及ぼす力$\boldsymbol{F}_i$は，例えば粒子が磁気的な性質を有する場合，粒子 i に作用する他の粒子からの磁気力の和に等しい．

次に回転運動について考える．並進運動と同様に，粒子の軸に平行な方向のベクトルを上付き添字 $\|$, 垂直な方向のベクトルを上付き添字 $\perp$ を付して表すと，式 (3.25) もしくは (3.14) より，角速度が次のように得られる．

$$\boldsymbol{\omega}_i^{\|} = \boldsymbol{\Omega}^{\|} + \frac{1}{8\pi\eta a_i^3 X^C}\boldsymbol{T}_i^{\|} \tag{5.11}$$

$$\boldsymbol{\omega}_i^{\perp} = \boldsymbol{\Omega}^{\perp} + \frac{1}{8\pi\eta a_i^3 Y^C}\boldsymbol{T}_i^{\perp} - \frac{Y^H}{Y^C}(\boldsymbol{\varepsilon}\cdot\boldsymbol{n}_i\boldsymbol{n}_i):\boldsymbol{E} \tag{5.12}$$

上式においては，$\{(\boldsymbol{\varepsilon}\cdot\boldsymbol{n}_i\boldsymbol{n}_i):\boldsymbol{E}\}\cdot\boldsymbol{n}_i = 0$ となることを考慮している．また，式 (5.9) と (5.10) に類似する次の関係式がある．

$$\boldsymbol{T}_i^{\|} = (\boldsymbol{T}_i\cdot\boldsymbol{n}_i)\boldsymbol{n}_i\ , \quad \boldsymbol{T}_i^{\perp} = \boldsymbol{T}_i - (\boldsymbol{T}_i\cdot\boldsymbol{n}_i)\boldsymbol{n}_i \tag{5.13}$$

$$\boldsymbol{\Omega}^{\|} = (\boldsymbol{\Omega}\cdot\boldsymbol{n}_i)\boldsymbol{n}_i\ , \quad \boldsymbol{\Omega}^{\perp} = \boldsymbol{\Omega} - (\boldsymbol{\Omega}\cdot\boldsymbol{n}_i)\boldsymbol{n}_i \tag{5.14}$$

力の場合と同様に，粒子が磁気的な性質を有するならば，粒子 i がまわりの流体に作用するトルク $\boldsymbol{T}_i$ は他の粒子から粒子 i に作用するトルクに等しくなる．

ある時間 t における粒子の速度 $\boldsymbol{v}_i$ $(i = 1, 2, \cdots, N)$ と角速度 $\boldsymbol{\omega}_i$ $(i = 1, 2, \cdots, N)$ はそれぞれ式 (5.7) と (5.8) および (5.11) と (5.12) から求まるので，次の時間ステップ $(t + \Delta t)$ 時における粒子の位置 $\boldsymbol{r}_i(t+\Delta t)$ および粒子の方向 $\boldsymbol{n}_i(t+\Delta t)$ が，

$$\boldsymbol{v}_i = \frac{d\boldsymbol{r}_i}{dt}\ , \quad \frac{d\boldsymbol{n}_i}{dt} = \boldsymbol{\omega}_i \times \boldsymbol{n}_i \qquad (i = 1, 2, \cdots, N) \tag{5.15}$$

の差分化した次式より，求めることができる．

$$\boldsymbol{r}_i(t+\Delta t) = \boldsymbol{r}_i(t) + \Delta t\boldsymbol{v}_i(t) \qquad (i = 1, 2, \cdots, N) \tag{5.16}$$

$$\boldsymbol{n}_i(t+\Delta t) = \boldsymbol{n}_i(t) + \Delta t\boldsymbol{\omega}_i(t)\times\boldsymbol{n}_i(t) \quad (i = 1, 2, \cdots, N) \tag{5.17}$$

前節で述べたように，温度は流体の粘度，粒子間力およびトルクを通して間接的に現れるに過ぎない．

6

ストークス動力学法

ストークス動力学法 (Stokesian dynamics method) は，粒子のブラウン運動は無視するが，粒子間の流体力学的相互作用は考慮するシミュレーション法であることは既に述べた．したがって，この方法は非希釈コロイド分散系を対象とするもので，第 4 章で説明した力加算近似や速度加算近似またはより厳密な粒子間の多体流体力学的相互作用の理論に基づいた方法であるということが言える．この章では，速度加算近似の理論を例に取り，単純せん断流という現実的な流れ場を想定して，ストークス動力学法の説明を行う．また，シミュレーションに際しては，無次元化した諸量を用いるのが通常であるが，単純せん断流の問題でよく用いられる無次元化法を最後に示す．なお，力加算近似を用いたストークス動力学法の説明はここでは行わないが，速度加算近似に対する説明から容易に理解できるものと思われる．また，コロイド粒子の初期配置の設定法やせん断流の発生法，それに伴う境界条件の処理等は第 2 巻「分子動力学シミュレーション」で詳しく論じているので，ここでは省略し，必要な場合そちらを参照されたい．この章では球状粒子系を対象とする．

6.1　回転運動を無視した球状粒子系のストークス動力学

図 6.1 に示すような，x 軸方向に流れる，ずり速度$\dot{\gamma}$の単純せん断流を考える．この場合の流れ場$\boldsymbol{U}(\boldsymbol{r})$ は次のとおりである．

$$\boldsymbol{U}(\boldsymbol{r}) = \dot{\gamma} y \boldsymbol{\delta}_x \tag{6.1}$$

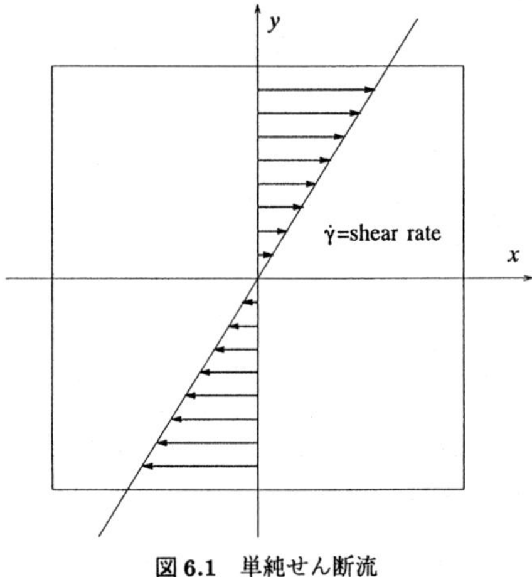

図 6.1 単純せん断流

したがって，回転角速度ベクトル$\boldsymbol{\Omega}$と変形速度テンソル$\boldsymbol{E}$が，定義式 (2.8) より次のように求まる．

$$\boldsymbol{\Omega} = -\frac{\dot{\gamma}}{2}\boldsymbol{\delta}_z \ , \quad \boldsymbol{E} = \frac{\dot{\gamma}}{2}\begin{bmatrix} 0 & 1 & 0 \\ 1 & 0 & 0 \\ 0 & 0 & 0 \end{bmatrix} \tag{6.2}$$

ここに，$(\boldsymbol{\delta}_x, \boldsymbol{\delta}_y, \boldsymbol{\delta}_z)$ は基本ベクトルである．

以上のように規定した単純せん断流中におけるコロイド粒子の速度は，速度加算近似に対する式 (4.21) より得られ，球に関する諸式を考慮すると，粒子αの速度$\boldsymbol{v}_\alpha$が次のように書ける．

$$\boldsymbol{v}_\alpha = \dot{\gamma} y \boldsymbol{\delta}_x + \frac{1}{\eta}\left\{ \frac{1}{6\pi a}\boldsymbol{F}_\alpha + \sum_{\beta=1(\neq\alpha)}^{N}\left(\boldsymbol{a}_{\alpha\alpha} - \frac{1}{6\pi a}\boldsymbol{I}\right)\cdot\boldsymbol{F}_\alpha + \sum_{\beta=1(\neq\alpha)}^{N}\boldsymbol{a}_{\alpha\beta}\cdot\boldsymbol{F}_\beta \right\} + \tilde{\boldsymbol{g}}'_\alpha : \boldsymbol{E} \tag{6.3}$$

ここに，$\boldsymbol{a}_{\alpha\alpha}$と$\boldsymbol{a}_{\alpha\beta}$は，$\boldsymbol{e} = (\boldsymbol{r}_\beta - \boldsymbol{r}_\alpha)/|\boldsymbol{r}_\beta - \boldsymbol{r}_\alpha|$ なる記号を用いれば，式 (3.73) と同様に次のように書ける．

$$\boldsymbol{a}_{\alpha\alpha} = x^a_{\alpha\alpha}\boldsymbol{ee} + y^a_{\alpha\alpha}(\boldsymbol{I} - \boldsymbol{ee}) \ , \ \boldsymbol{a}_{\alpha\beta} = x^a_{\alpha\beta}\boldsymbol{ee} + y^a_{\alpha\beta}(\boldsymbol{I} - \boldsymbol{ee}) \tag{6.4}$$

球状粒子に対する移動度関数 $x^a_{\alpha\alpha}$ などの値は第 3.3.5 項および付録 A2 を参照されたい．また，$\tilde{\boldsymbol{g}}'_\alpha$ に関しては，式 (4.26) および (4.29) を考慮すると，次のように書ける．

$$\tilde{\boldsymbol{g}}'_\alpha = \sum_{\beta=1(\neq\alpha)}^{N} \tilde{\boldsymbol{g}}_\alpha \tag{6.5}$$

$\tilde{\boldsymbol{g}}_\alpha$ は 3 階のテンソル量であり，変形速度テンソル $\boldsymbol{E}$ は 2 階のテンソル量なので，式 (6.3) の最後の項はもちろん 1 階のテンソルすなわちベクトル量となる．ここで，この項が最終的にどのような形になるかを見てみる．$\tilde{\boldsymbol{g}}_\alpha$ は成分表示の形で式 (3.67) のように表されることはすでに示した．すなわち，

$$\tilde{g}^\alpha_{kij} = g^{\alpha\alpha}_{ijk} + g^{\beta\alpha}_{ijk} \tag{6.6}$$

ここに，$g^{\beta\alpha}_{ijk}$ は式 (3.74) に示したとおりであり，改めて書き直すと次のとおりである．

$$g^{\beta\alpha}_{ijk} = x^g_{\beta\alpha}\left(e_i e_j - \frac{1}{3}\delta_{ij}\right)e_k + y^g_{\beta\alpha}(e_i\delta_{jk} + e_j\delta_{ik} - 2e_ie_je_k) \tag{6.7}$$

この式において $\beta = \alpha$ とすれば $\boldsymbol{g}_{\alpha\alpha}$ の表式となる．変形速度テンソル $\boldsymbol{E}$ の ij 成分 E_{ij} は $E_{12} = E_{21} = \dot{\gamma}/2$ 以外の成分はゼロなので，$(\boldsymbol{g}_{\alpha\alpha} + \boldsymbol{g}_{\beta\alpha}) : \boldsymbol{E}$ は容易に計算でき，結局次のようになる．

$$(\boldsymbol{g}_{\alpha\alpha} + \boldsymbol{g}_{\beta\alpha}) : \boldsymbol{E} = \frac{\dot{\gamma}}{2}\sum_{i=1}^{3}(g^{\alpha\alpha}_{12i} + g^{\beta\alpha}_{12i} + g^{\alpha\alpha}_{21i} + g^{\beta\alpha}_{21i})\boldsymbol{\delta}_i \tag{6.8}$$

ここに，

$$\left.\begin{aligned} g^{\beta\alpha}_{12i} &= x^g_{\beta\alpha}e_1e_2e_i + y^g_{\beta\alpha}(e_1\delta_{2i} + e_2\delta_{1i} - 2e_1e_2e_i) \\ g^{\beta\alpha}_{21i} &= x^g_{\beta\alpha}e_2e_1e_i + y^g_{\beta\alpha}(e_2\delta_{1i} + e_1\delta_{2i} - 2e_2e_1e_i) \end{aligned}\right\} \tag{6.9}$$

であり，$\beta = \alpha$ とすれば $g^{\alpha\alpha}_{12i}, g^{\alpha\alpha}_{21i}$ の式が得られる．ゆえに，式 (6.8) は次のようになる．

$$\begin{aligned} &(\boldsymbol{g}_{\alpha\alpha} + \boldsymbol{g}_{\beta\alpha}) : \boldsymbol{E} \\ &\quad = \dot{\boldsymbol{\gamma}}\left[\left\{(x^g_{\alpha\alpha} - x^g_{\alpha\beta})e_1^2e_2 + (y^g_{\alpha\alpha} - y^g_{\alpha\beta})(e_2 - 2e_1^2e_2)\right\}\boldsymbol{\delta}_1\right. \end{aligned}$$

$$+\left\{(x^g_{\alpha\alpha}-x^g_{\alpha\beta})e_1e_2^2+(y^g_{\alpha\alpha}-y^g_{\alpha\beta})(e_1-2e_1e_2^2)\right\}\boldsymbol{\delta}_2$$
$$+\left\{(x^g_{\alpha\alpha}-x^g_{\alpha\beta})e_1e_2e_3+(y^g_{\alpha\alpha}-y^g_{\alpha\beta})(-2e_1e_2e_3)\right\}\boldsymbol{\delta}_3\Big] \quad (6.10)$$

この式を得るに際して，粒子α,βの対称性，すなわち，$\boldsymbol{e}$の各成分の符号の反転に対して式 (6.7) は変化しないはずなので，次の関係式があることを考慮した．

$$x^g_{\alpha\beta}=-x^g_{\beta\alpha}\,,\quad y^g_{\alpha\beta}=-y^g_{\beta\alpha}\qquad(\alpha\neq\beta) \quad (6.11)$$

ゆえに，次の関係式から，式 (6.3) の最後の項が得られたことになる．

$$\tilde{\boldsymbol{g}}'_\alpha:\boldsymbol{E}=\sum_{\beta=1(\neq\alpha)}^{N}(\boldsymbol{g}_{\alpha\alpha}+\boldsymbol{g}_{\beta\alpha}):\boldsymbol{E} \quad (6.12)$$

最後に，ストークス動力学シミュレーションのアルゴリズムの主要部を示す．単純せん断流中におけるコロイド粒子の挙動を検討するには，第 2 巻の「分子動力学シミュレーション」で述べた Lees-Edwards の周期境界条件を用いる必要があるが，その本にて詳細に論じているので，ここで改めて説明することはしない．

1. コロイド粒子の初期配置を設定する
2. 各粒子に作用する力を求める
3. 移動度関数の値を求める
4. 式 (6.3) より，各粒子の速度を求める
5. 式 (5.6) より，次の時間ステップでの粒子位置を求める
6. Lees-Edwards の周期境界条件に従って，せん断流に垂直な方向に位置する複写セルを設定時間きざみ分せん断流方向に移動させる
7. ステップ 2 から繰り返す

初期配置としては，面心立方格子や単純立方格子がよく用いられる．力の計算においては，通常の分子動力学法と同様に，最近接像の方法に従って，複写セル内の粒子との相互作用も考慮する．これらに関しては，第 2 巻「分子動力学シミュレーション」を参照されたい．

6.2　回転運動を考慮した球状粒子系のストークス動力学

この節では球状粒子の回転運動も考慮に入れたストークス動力学法について説明する．磁性流体やER流体のように，粒子が磁気的もしくは電気的性質を有する場合には，粒子は流体の局所的な角速度では回転せず，磁場や電場に依存する角速度で回転するようになる．したがって，球状粒子といえども，並進運動のみならず，回転運動も同時に考慮に入れてシミュレーションを行う必要がある．

前節と同様に，図6.1に示す単純せん断流の問題を考える．速度加算近似における粒子αの速度$\boldsymbol{v}_\alpha$および角速度$\boldsymbol{\omega}_\alpha$は式(4.21)より次のように書ける．

$$\boldsymbol{v}_\alpha = \dot{\gamma} y \boldsymbol{\delta}_x + \frac{1}{\eta}\left\{\frac{1}{6\pi a}\boldsymbol{F}_\alpha + \sum_{\beta=1(\neq\alpha)}^{N}\left(\boldsymbol{a}_{\alpha\alpha} - \frac{1}{6\pi a}\boldsymbol{I}\right)\cdot\boldsymbol{F}_\alpha + \sum_{\beta=1(\neq\alpha)}^{N}\boldsymbol{a}_{\alpha\beta}\cdot\boldsymbol{F}_\beta \right.$$
$$\left. + \sum_{\beta=1(\neq\alpha)}^{N}\tilde{\boldsymbol{b}}_{\alpha\alpha}\cdot\boldsymbol{T}_\alpha + \sum_{\beta=1(\neq\alpha)}^{N}\tilde{\boldsymbol{b}}_{\alpha\beta}\cdot\boldsymbol{T}_\beta\right\} + \tilde{\boldsymbol{g}}'_\alpha : \boldsymbol{E} \tag{6.13}$$

$$\boldsymbol{\omega}_\alpha = -\frac{1}{2}\dot{\gamma}\boldsymbol{\delta}_z + \frac{1}{\eta}\left\{\sum_{\beta=1(\neq\alpha)}^{N}\boldsymbol{b}_{\alpha\alpha}\cdot\boldsymbol{F}_\alpha + \sum_{\beta=1(\neq\alpha)}^{N}\boldsymbol{b}_{\alpha\beta}\cdot\boldsymbol{F}_\beta + \frac{1}{8\pi a^3}\cdot\boldsymbol{T}_\alpha \right.$$
$$\left. + \sum_{\beta=1(\neq\alpha)}^{N}\left(\boldsymbol{c}_{\alpha\alpha} - \frac{1}{8\pi a^3}\boldsymbol{I}\right)\cdot\boldsymbol{T}_\alpha + \sum_{\beta=1(\neq\alpha)}^{N}\boldsymbol{c}_{\alpha\beta}\cdot\boldsymbol{T}_\beta\right\} + \tilde{\boldsymbol{h}}'_\alpha : \boldsymbol{E} \tag{6.14}$$

ここに，$\boldsymbol{a}_{\alpha\alpha}, \boldsymbol{a}_{\alpha\beta}, \tilde{\boldsymbol{g}}'_\alpha$等は前節で示したとおりである．$\boldsymbol{c}_{\alpha\alpha}, \boldsymbol{c}_{\alpha\beta}, \boldsymbol{b}_{\alpha\alpha}, \boldsymbol{b}_{\alpha\beta}$は式(3.73)より，

$$\boldsymbol{c}_{\alpha\alpha} = x^c_{\alpha\alpha}\boldsymbol{ee} + y^c_{\alpha\alpha}(\boldsymbol{I} - \boldsymbol{ee}), \quad \boldsymbol{c}_{\alpha\beta} = x^c_{\alpha\beta}\boldsymbol{ee} + y^c_{\alpha\beta}(\boldsymbol{I} - \boldsymbol{ee}) \tag{6.15}$$

$$\boldsymbol{b}_{\alpha\alpha} = y^b_{\alpha\alpha}\boldsymbol{\varepsilon}\cdot\boldsymbol{e}, \qquad \boldsymbol{b}_{\alpha\beta} = y^b_{\alpha\beta}\boldsymbol{\varepsilon}\cdot\boldsymbol{e} \tag{6.16}$$

のとおりであり，球状粒子に対する移動度関数$x^c_{\alpha\alpha}$などの値は付録A2を参照されたい．また$\tilde{\boldsymbol{b}}_{\alpha\alpha}$と$\tilde{\boldsymbol{b}}_{\alpha\beta}$は式(3.66)より，

$$\tilde{\boldsymbol{b}}_{\alpha\alpha} = \boldsymbol{b}^t_{\alpha\alpha}, \quad \tilde{\boldsymbol{b}}_{\alpha\beta} = \boldsymbol{b}^t_{\beta\alpha} \tag{6.17}$$

なる関係がある．また，$\tilde{\boldsymbol{h}}'_\alpha$は式 (4.27) および (4.29) を考慮すると次のように書ける．

$$\tilde{\boldsymbol{h}}'_\alpha = \sum_{\beta=1(\neq\alpha)}^{N} \tilde{\boldsymbol{h}}_\alpha \tag{6.18}$$

ここで，式 (6.14) の最後の項がどのように表されるかを示す．$\tilde{\boldsymbol{h}}_\alpha$は成分表示の形で式 (3.67) のように表されることはすでに示した．すなわち，

$$\tilde{h}^\alpha_{kij} = h^{\alpha\alpha}_{ijk} + h^{\beta\alpha}_{ijk} \tag{6.19}$$

ただし，$h^{\beta\alpha}_{ijk}$は式 (3.74) で示したとおりであり次のようになる．

$$h^{\beta\alpha}_{ijk} = y^h_{\beta\alpha} \sum_{l=1}^{3} (\varepsilon_{ikl} e_l e_j + \varepsilon_{jkl} e_l e_i) \tag{6.20}$$

この式においてβ=αとすれば$h^{\alpha\alpha}_{ijk}$の式が得られる．したがって，前項の$(\boldsymbol{g}_{\alpha\alpha} + \boldsymbol{g}_{\beta\alpha}) : \boldsymbol{E}$の計算と同様に，$(\boldsymbol{h}_{\alpha\alpha} + \boldsymbol{h}_{\beta\alpha}) : \boldsymbol{E}$が次のように整理できる．

$$(\boldsymbol{h}_{\alpha\alpha} + \boldsymbol{h}_{\beta\alpha}) : \boldsymbol{E} = \frac{\dot{\gamma}}{2} \sum_{i=1}^{3} (h^{\alpha\alpha}_{12i} + h^{\beta\alpha}_{12i} + h^{\alpha\alpha}_{21i} + h^{\beta\alpha}_{21i}) \boldsymbol{\delta}_i \tag{6.21}$$

ここに，

$$\left. \begin{aligned} h^{\beta\alpha}_{12i} &= y^h_{\beta\alpha} \sum_{l=1}^{3} (e_1 \varepsilon_{2il} e_l + e_2 \varepsilon_{1il} e_l) \\ h^{\beta\alpha}_{21i} &= y^h_{\beta\alpha} \sum_{l=1}^{3} (e_2 \varepsilon_{1il} e_l + e_1 \varepsilon_{2il} e_l) \end{aligned} \right\} \tag{6.22}$$

であり，この式において$\beta = \alpha$とすれば $h^{\alpha\alpha}_{12i}$ ，$h^{\alpha\alpha}_{21i}$の式が得られる．ゆえに，これらの式を式 (6.21) に代入整理すると，次のようになる．

$$(\boldsymbol{h}_{\alpha\alpha} + \boldsymbol{h}_{\beta\alpha}) : \boldsymbol{E} = \dot{\gamma}(y^h_{11} + y^h_{12}) \{-e_1 e_3 \boldsymbol{\delta}_1 + e_2 e_3 \boldsymbol{\delta}_2 + (e_1 e_1 - e_2 e_2) \boldsymbol{\delta}_3\} \tag{6.23}$$

この式を得るに際して，$\boldsymbol{e}$の各成分の符号の反転に対して式 (6.20) は変化しないはずなので，次の関係式があることを考慮した．

$$y^h_{\alpha\beta} = y^h_{\beta\alpha} \tag{6.24}$$

したがって，式 (6.14) の最後の項が次の式より得られたことになる．

$$\tilde{\boldsymbol{h}}'_\alpha : \boldsymbol{E} = \sum_{\beta=1(\neq\alpha)}^{N} (\boldsymbol{h}_{\alpha\alpha} + \boldsymbol{h}_{\beta\alpha}) : \boldsymbol{E} \tag{6.25}$$

粒子αがまわりの流体に作用する力$\boldsymbol{F}_\alpha$とトルク$\boldsymbol{T}_\alpha$は，例えば，粒子が磁気的性質を有する場合，まわりの粒子が粒子αに作用する力とトルクに等しい．

最後に，ストークス動力学シミュレーションのアルゴリズムの主要部を示す．

1. コロイド粒子の初期配置と初期方向を設定する
2. 各粒子に作用する力とトルクを求める
3. 移動度関数の値を求める
4. 式 (6.13) および (6.14) より，各粒子の速度と角速度を求める
5. 式 (5.16) および (5.17) より，次の時間ステップでの粒子位置および粒子の方向を計算する
6. Lees-Edwards の周期境界条件に従って，せん断流に垂直な方向に位置する複写セルを設定時間きざみ分せん断流方向に移動させる
7. ステップ 2 から繰り返す

初期配置の設定法などの記述に関しては，前節を参照されたい．

6.3 無 次 元 化 法

通常シミュレーションにおいては，有次元量をそのまま取り扱うことは極めて稀れで，対象とする物理現象を特徴づける代表値を用いて，諸量を無次元化するのが通常である．この章では単純せん断流に対するストークス動力学法を問題としているので，この流れ場に対する球状粒子系でよく用いられる無次元化法を以下に示す．

長さの代表値としては，粒子半径aが用いられるが，場合によっては粒子直径を用いてもよい．時間の代表値は次の二通りが考えられる．一つは流れ場の変化を特徴づける時間$1/\dot{\gamma}$で，もう一つは粒子間力と摩擦力とから求まる粒子

運動の緩和時間である．通常前者が代表時間としてよく用いられる．速度の代表値としては，代表時間と代表長さを組み合わせて$\dot{\gamma}a$が用いられる．このような代表速度を用いると，ストークスの抵抗法則より，代表力として$(6\pi\eta a\dot{\gamma}a)$なる抵抗力を用いることができる．角速度の代表値として$\dot{\gamma}$が用いられるが，この場合，トルクの代表値としては，式(3.2)より$(8\pi\eta a^3\dot{\gamma})$なる量が用いられることがわかる．応力などの他の代表値も以上のような考察から設定することができる．

次に抵抗テンソルと移動度テンソルの標準的な無次元化法を示すと次のようになる．

$$\begin{aligned}
&\boldsymbol{A}^*_{\alpha\beta}=\boldsymbol{A}_{\alpha\beta}/6\pi a,\quad \boldsymbol{B}^*_{\alpha\beta}=\boldsymbol{B}_{\alpha\beta}/4\pi a^2,\ \boldsymbol{C}^*_{\alpha\beta}=\boldsymbol{C}_{\alpha\beta}/8\pi a^3,\\
&\boldsymbol{G}^*_{\alpha\beta}=\boldsymbol{G}_{\alpha\beta}/4\pi a^2,\ \boldsymbol{H}^*_{\alpha\beta}=\boldsymbol{H}_{\alpha\beta}/8\pi a^3,\ \boldsymbol{K}^*_{\alpha\beta}=\boldsymbol{K}_{\alpha\beta}/(20\pi a^3/3)
\end{aligned}\tag{6.26}$$

$$\begin{aligned}
&\boldsymbol{a}^*_{\alpha\beta}=6\pi a\boldsymbol{a}_{\alpha\beta},\ \boldsymbol{b}^*_{\alpha\beta}=4\pi a^2\boldsymbol{b}_{\alpha\beta},\ \boldsymbol{c}^*_{\alpha\beta}=8\pi a^3\boldsymbol{c}_{\alpha\beta},\\
&\boldsymbol{g}^*_{\alpha\beta}=\boldsymbol{g}_{\alpha\beta}/2a,\ \boldsymbol{h}^*_{\alpha\beta}=\boldsymbol{h}_{\alpha\beta},\qquad \boldsymbol{k}^*_{\alpha\beta}=\boldsymbol{k}_{\alpha\beta}/(20\pi a^3/3)
\end{aligned}\tag{6.27}$$

ここに，上付き添字*が付いた量が無次元化された量であり，これらの式においてβをαに置き換えれば，対応する無次元量(例えば$\boldsymbol{A}^*_{\alpha\alpha}$など)が得られる．変形速度テンソルは$\boldsymbol{E}^*=\boldsymbol{E}/\dot{\gamma}$のように無次元化される．

上述の代表値および移動度テンソルの無次元化法を用いると，式(6.13),(6.14)の無次元化した式が次のように得られる．

$$\begin{aligned}
\boldsymbol{v}^*_\alpha=y^*\boldsymbol{\delta}_x+\boldsymbol{F}^*_\alpha&+\sum_{\beta=1(\neq\alpha)}^{N}(\boldsymbol{a}^*_{\alpha\alpha}-\boldsymbol{I})\cdot\boldsymbol{F}^*_\alpha+\sum_{\beta=1(\neq\alpha)}^{N}\boldsymbol{a}^*_{\alpha\beta}\cdot\boldsymbol{F}^*_\beta\\
&+2\left(\sum_{\beta=1(\neq\alpha)}^{N}\tilde{\boldsymbol{b}}^*_{\alpha\alpha}\cdot\boldsymbol{T}^*_\alpha+\sum_{\beta=1(\neq\alpha)}^{N}\tilde{\boldsymbol{b}}^*_{\alpha\beta}\cdot\boldsymbol{T}^*_\beta\right)+2\tilde{\boldsymbol{g}}'^*_\alpha:\boldsymbol{E}^*
\end{aligned}\tag{6.28}$$

$$\begin{aligned}
\boldsymbol{\omega}^*_\alpha=-\frac{1}{2}\boldsymbol{\delta}_z&+\frac{3}{2}\left(\sum_{\beta=1(\neq\alpha)}^{N}\boldsymbol{b}^*_{\alpha\alpha}\cdot\boldsymbol{F}^*_\alpha+\sum_{\beta=1(\neq\alpha)}^{N}\boldsymbol{b}^*_{\alpha\beta}\cdot\boldsymbol{F}^*_\beta\right)+\boldsymbol{T}^*_\alpha\\
&+\sum_{\beta=1(\neq\alpha)}^{N}(\boldsymbol{c}^*_{\alpha\alpha}-\boldsymbol{I})\cdot\boldsymbol{T}^*_\alpha+\sum_{\beta=1(\neq\alpha)}^{N}\boldsymbol{c}^*_{\alpha\beta}\cdot\boldsymbol{T}^*_\beta+\tilde{\boldsymbol{h}}'^*_\alpha:\boldsymbol{E}^*
\end{aligned}\tag{6.29}$$

力がせん断力に基づいた粘性力によって無次元化されているので，もし粒子間力を特徴づける力が磁気力ならば，磁気力と粘性力の比を特徴づける無次元数が無次元化された力の式に現れることに注意しなければならない．もう一つ注意しなければならない点は，無次元化されたせん断流はずり速度が必ず $\dot{\gamma}^* = 1$ となることである．したがって，この場合，ずり速度が大きいせん断流，逆に小さいせん断流をどのように与えればよいのだろうか，という疑問が生じる．第 9 章の応用例で明らかになるように，ずり速度の変化は前述の力の比を表す無次元数の大小によって表現できるのである．

7

ブラウン動力学法

花粉などの非常に軽い粒子は，液体中で不規則なジグザグな運動をする．これは液体を構成する分子によって引き起こされるもので，ブラウン運動 (Brownian motion) としてよく知られた現象である．このような運動をする粒子をブラウン粒子という．工学分野においては，機能性を付加するために液体に微粒子を懸濁したコロイド分散系中において，懸濁粒子のこのような運動が観察される．したがって，新しい機能性流体の開発に際して出会う諸問題，例えば分散系の安定性，内部構造，レオロジー特性などを検討する上でも，粒子のブラウン運動を考慮したシミュレーションが必須となる．もし，ブラウン粒子が液体の分子と同程度の大きさならば，通常の分子動力学法でシミュレートできるが，一般的にはブラウン粒子は液体の分子よりも遥かに大きい．このような状況下では，ブラウン運動を特徴づける特性時間は，分子運動の特性時間と比較して遥かに長いことになる．ゆえに，通常の分子動力学法を適用してブラウン運動をシミュレートすることはまったく現実的でない．そこで液体を構成する分子の個々の運動に着目することはせず，液体を連続体と見なしてブラウン運動を引き起こす力 (ランダム力) を確率的に取り扱うことによって，粒子のブラウン運動を発生させる方法が取られる．以下ではまず基本的なランジュバン方程式に基づいた方法を示し，最後に流体力学的相互作用を考慮した方法を示す．

7.1 ランジュバン方程式

もし粒子同士の流体力学的な相互作用が無視できるような希釈なコロイド分散系を考えるならば，ブラウン粒子の運動方程式は，一般に次に示すランジュ

バン方程式 (Langevin equation) で表される．

$$m\frac{d\boldsymbol{v}}{dt} = \boldsymbol{F} - m\zeta\boldsymbol{v} + \boldsymbol{F}^B \tag{7.1}$$

ここに，m はブラウン粒子の質量，$\boldsymbol{v}$は粒子の速度，$\boldsymbol{F}$は他のブラウン粒子から作用する力と外力の和，$\xi(=m\zeta)$ は摩擦係数，$\boldsymbol{F}^B$は粒子の不規則運動を引き起こす力すなわちランダム力 (random force) である．ここでは単一のブラウン粒子ではなく，互いに粒子間ポテンシャルで相互作用仕合う多粒子系を考えている．ただし，先に述べたように，流体力学的相互作用は考慮しない．本来$\boldsymbol{v}$や$\boldsymbol{F}$などに添字を付して粒子を区別しなければならないが，表記の簡単化のために添字は落としている．

さて，粒子の不規則運動を引き起こす力$\boldsymbol{F}^B$は，式 (7.1) の場合，粒子や粒子の速度に依存しない確率的な性質を有するはずである．顕微鏡による観察結果から，粒子がブラウン運動を通して急激にその速度の大きさと方向を変えることから，ランダム力$\boldsymbol{F}^B$は次のような性質で記述できる．

$$\left.\begin{aligned} \langle \boldsymbol{F}^B(t) \rangle &= 0 \\ \langle \boldsymbol{F}^B(t) \cdot \boldsymbol{F}^B(t') \rangle &= A\delta(t-t') \end{aligned}\right\} \tag{7.2}$$

ここに，A は定数で，後に示すように $A=6m\zeta kT$である．ただしTは温度である．

いま，時間 t_0において速度が$\boldsymbol{v}(t_0)$ であったとすると，時間 t における速度 $\boldsymbol{v}(t)$ は，時間差 $(t-t_0)$ がこの時間内で$\boldsymbol{F}$が一定と見なせるほど十分小さければ，式 (7.1) より次のように得られる (常微分方程式の解法の公式を参照のこと)．

$$\begin{aligned} \boldsymbol{v}(t) = \boldsymbol{v}(t_0)e^{-\zeta(t-t_0)} &+ \frac{1}{m\zeta}\boldsymbol{F}(t_0)\left\{1-e^{-\zeta(t-t_0)}\right\} \\ &+ \frac{1}{m}\int_{t_0}^{t} \boldsymbol{F}^B(\tau)e^{-\zeta(t-\tau)}\,d\tau \end{aligned} \tag{7.3}$$

さらにこの式を積分すれば，粒子の位置の式が次のように得られる．

$$\boldsymbol{r}(t) = \boldsymbol{r}(t_0) + \int_{t_0}^{t} \boldsymbol{v}(t')\,dt'$$

$$= \boldsymbol{r}(t_0) + \frac{1}{\zeta}\boldsymbol{v}(t_0)\left\{1 - e^{-\zeta(t-t_0)}\right\}$$
$$+ \frac{1}{m\zeta}\boldsymbol{F}(t_0)\left\{(t-t_0) - \frac{1}{\zeta}(1 - e^{-\zeta(t-t_0)})\right\}$$
$$+ \frac{1}{m\zeta}\int_{t_0}^{t} \boldsymbol{F}^B(\tau)(1 - e^{-\zeta(t-\tau)})\,d\tau \tag{7.4}$$

ここに右辺第4項は部分積分を実行して得られた.

ランダム力$\boldsymbol{F}^B$は粒子に作用する力とは無関係であるはずである. したがって, 式(7.3)において$\boldsymbol{F}=0$とした式を用いれば, 式(7.2)を考慮して,

$$\langle(\boldsymbol{v}(t) - \boldsymbol{v}(t_0)e^{-\zeta(t-t_0)})^2\rangle$$
$$= \frac{1}{m^2}\int_{t_0}^{t}\int_{t_0}^{t}\langle\boldsymbol{F}^B(\tau')\cdot\boldsymbol{F}^B(\tau)\rangle e^{-\zeta\left\{(t-\tau')+(t-\tau)\right\}}d\tau d\tau'$$
$$= \frac{1}{m^2}\int_{t_0}^{t}\int_{t_0}^{t} A\delta(\tau'-\tau)e^{-\zeta\left\{(t-\tau')+(t-\tau)\right\}}d\tau d\tau'$$
$$= \frac{A}{m^2}\int_{t_0}^{t} e^{-2\zeta(t-\tau)}d\tau = \frac{A}{2m^2\zeta}\left(1 - e^{-2\zeta(t-t_0)}\right) \tag{7.5}$$

ここで$t \to \infty$とし, 次式の温度の定義式を考慮すると,

$$3kT/2 = m\langle\boldsymbol{v}^2\rangle/2 \tag{7.6}$$

Aが次のように得られる.

$$A = 6m\zeta kT \tag{7.7}$$

さて, 式(7.3)と(7.4)は確率変数であるランダム力$\boldsymbol{F}^B$を含んでいるので, 積分項を処理した後でないと, $\boldsymbol{v}(t)$と$\boldsymbol{r}(t)$は求まらない. これはChandrasekharの文献[1)]で詳細に論じているので, ここでは要点のみを示す.

いま, 一般的なことを考えるとして, 確率変数$\boldsymbol{F}^B$に対して,

$$\boldsymbol{B}(t) = \int_0^t \alpha(\tau)\boldsymbol{F}^B(\tau)\,d\tau\ , \quad \boldsymbol{C}(t) = \int_0^t \beta(\tau)\boldsymbol{F}^B(\tau)\,d\tau \tag{7.8}$$

なる関係があるとする. ここに$\boldsymbol{B}(t)$と$\boldsymbol{C}(t)$は$\boldsymbol{r}(t)$や$\boldsymbol{v}(t)$のような量と考えればよい. こうすると時間tにおいて$\boldsymbol{B}(t), \boldsymbol{C}(t)$となる確率は, 次の確率密度関数$\rho(\boldsymbol{B}(t), \boldsymbol{C}(t))$で規定される.

$$\rho(\boldsymbol{B}(t), \boldsymbol{C}(t)) = \frac{1}{8\pi^3(EG-H^2)^{3/2}} \exp\left\{-\frac{GB^2 - 2H\boldsymbol{B}\cdot\boldsymbol{C} + EC^2}{2(EG-H^2)}\right\} \tag{7.9}$$

ただし,

$$\left.\begin{aligned} E &= 2m\zeta kT \int_0^t \alpha^2(\tau)\,d\tau \\ G &= 2m\zeta kT \int_0^t \beta^2(\tau)\,d\tau \\ H &= 2m\zeta kT \int_0^t \alpha(\tau)\beta(\tau)\,d\tau \end{aligned}\right\} \tag{7.10}$$

この方法を本問題に当てはめる.

式 (7.4) と (7.3) において, 次のように$\delta\boldsymbol{r}^B$と$\delta\boldsymbol{v}^B$を定義すれば,

$$\begin{aligned} \delta\boldsymbol{r}^B(t) &= \boldsymbol{r}(t) - \boldsymbol{r}(t_0) - \frac{1}{\zeta}\boldsymbol{v}(t_0)\left\{1 - e^{-\zeta(t-t_0)}\right\} \\ &\quad - \frac{1}{m\zeta}\boldsymbol{F}(t_0)\left\{(t-t_0) - \frac{1}{\zeta}\left(1 - e^{-\zeta(t-t_0)}\right)\right\} \end{aligned} \tag{7.11}$$

$$\delta\boldsymbol{v}^B(t) = \boldsymbol{v}(t) - \boldsymbol{v}(t_0)e^{-\zeta(t-t_0)} - \frac{1}{m\zeta}\boldsymbol{F}(t_0)\left\{1 - e^{-\zeta(t-t_0)}\right\} \tag{7.12}$$

式 (7.4) と (7.3) は次のようになる.

$$\delta\boldsymbol{r}^B(t) = \int_{t_0}^t \frac{1}{m\zeta}\left(1 - e^{-\zeta(t-\tau)}\right)\boldsymbol{F}^B(\tau)\,d\tau \tag{7.13}$$

$$\delta\boldsymbol{v}^B(t) = \int_{t_0}^t \frac{1}{m}e^{-\zeta(t-\tau)}\boldsymbol{F}^B(\tau)\,d\tau \tag{7.14}$$

これらの式は積分領域が $0 \sim t$ になるように変数変換すれば, まさしく式 (7.8) の形になる. ゆえに,

$$\begin{aligned} \rho(\delta\boldsymbol{r}^B(t), \delta\boldsymbol{v}^B(t)) &= \frac{1}{8\pi^3(EG-H^2)^{3/2}} \\ &\times \exp\left\{-\frac{G(\delta\boldsymbol{r}^B(t))^2 - 2H\delta\boldsymbol{r}^B(t)\cdot\delta\boldsymbol{v}^B(t) + E(\delta\boldsymbol{v}^B(t))^2}{2(EG-H^2)}\right\} \end{aligned} \tag{7.15}$$

ただし,

$$E = 2m\zeta kT \int_{t_0}^t \frac{1}{m^2\zeta^2}\left(1 - e^{-\zeta(t-\tau)}\right)^2 d\tau$$

$$= \frac{kT}{m\zeta^2}\left\{2\zeta(t-t_0) - 3 + 4e^{-\zeta(t-t_0)} - e^{-2\zeta(t-t_0)}\right\} \tag{7.16}$$

$$G = 2m\zeta kT \int_{t_0}^{t} \frac{1}{m^2} e^{-2\zeta(t-\tau)}\, d\tau$$

$$= \frac{kT}{m}\left(1 - e^{-2\zeta(t-t_0)}\right) \tag{7.17}$$

$$H = 2m\zeta kT \int_{t_0}^{t} \frac{1}{m^2\zeta} e^{-\zeta(t-\tau)}\left(1 - e^{-\zeta(t-\tau)}\right) d\tau$$

$$= \frac{kT}{m\zeta}\left(1 - e^{-\zeta(t-t_0)}\right)^2 \tag{7.18}$$

さらに，ベクトルを成分表示して $\rho(\delta\boldsymbol{r}^B, \delta\boldsymbol{v}^B) = \hat{\rho}(\delta x^B, \delta v_x^B)\hat{\rho}(\delta y^B, \delta v_y^B)$ $\hat{\rho}(\delta z^B, \delta v_z^B)$ に分解すると，例えば $\hat{\rho}(\delta x^B, \delta v_x^B)$ は次のように得られる．

$$\hat{\rho}(\delta x^B, \delta v_x^B) = \frac{1}{\{4\pi^2(EG - H^2)\}^{1/2}} \times \exp\left\{-\frac{G(\delta x^B)^2 - 2H\delta x^B \delta v_x^B + E(\delta v_x^B)^2}{2(EG - H^2)}\right\} \tag{7.19}$$

ここで，

$$\sigma_r^2 = E\,, \quad \sigma_v^2 = G\,, \quad c_{rv} = H/(EG)^{1/2} \tag{7.20}$$

とおくと，式 (7.19) は次式に示す 2 次元の正規分布[2)]になることがわかる．

$$\hat{\rho}(\delta x^B, \delta v_x^B) = \frac{1}{2\pi\sigma_r\sigma_v(1 - c_{rv}^2)^{1/2}} \exp\left[-\frac{1}{2(1 - c_{rv}^2)}\left\{\left(\frac{\delta x^B}{\sigma_r}\right)^2 - 2c_{rv}\left(\frac{\delta x^B}{\sigma_r}\right)\left(\frac{\delta v_x^B}{\sigma_v}\right) + \left(\frac{\delta v_x^B}{\sigma_v}\right)^2\right\}\right] \tag{7.21}$$

他の成分の場合も同様に表される．

以上では，時間 t_0 から時間 t への変化に対する粒子の運動を考えたが，分子動力学法的に考えて，時間 t から時間 $(t+h)$ への変化に対する上述のブラウン動力学法の要約を述べる．まず，付録 A4 に示した乱数を用いる方法に従って，式 (7.21) の 2 次元の正規分布から，$\delta\boldsymbol{r}^B(t+h), \delta\boldsymbol{v}^B(t+h)$ をサンプリングする．ただし，

$$\sigma_r^2 = E = \frac{kT}{m\zeta^2}\left\{2\zeta h - 3 + 4e^{-\zeta h} - e^{-2\zeta h}\right\} \tag{7.22}$$

$$\sigma_v^2 = G = \frac{kT}{m}\left(1 - e^{-2\zeta h}\right) \tag{7.23}$$

$$c_{rv} = H/(EG)^{1/2} = \frac{1}{\sigma_r \sigma_v} \cdot \frac{kT}{m\zeta}\left(1 - e^{-\zeta h}\right)^2 \tag{7.24}$$

ここで求めた$\delta \boldsymbol{r}^B(t+h)$と$\delta \boldsymbol{v}^B(t+h)$がランダム力に起因する項である．これらを用いて次のステップでの粒子位置$\boldsymbol{r}(t+h)$と速度$\boldsymbol{v}(t+h)$を式 (7.11) と (7.12) に相当する次の式を用いて求めればよい．

$$\begin{aligned}\boldsymbol{r}(t+h) = \boldsymbol{r}(t) &+ \frac{1}{\zeta}\boldsymbol{v}(t)\left\{1 - e^{-\zeta h}\right\} \\ &+ \frac{1}{m\zeta}\boldsymbol{F}(t)\left\{h - \frac{1}{\zeta}\left(1 - e^{-\zeta h}\right)\right\} + \delta \boldsymbol{r}^B(t+h)\end{aligned} \tag{7.25}$$

$$\boldsymbol{v}(t+h) = \boldsymbol{v}(t)e^{-\zeta h} + \frac{1}{m\zeta}\boldsymbol{F}(t)\left\{1 - e^{-\zeta h}\right\} + \delta \boldsymbol{v}^B(t+h) \tag{7.26}$$

以上の操作をすべてのブラウン粒子に対して行えば，時間ステップが一つ進行する．この操作を繰り返すことにより，シミュレーションが進行する．ζとしては，ストークスの抵抗法則から，$\zeta = 6\pi\eta a/m$(η:溶媒の粘度，a:粒子の半径) がよく用いられる．

式 (7.25) と (7.26) を用いるアルゴリズムは，$\zeta \to 0$ の極限において，

$$\boldsymbol{r}(t+h) = \boldsymbol{r}(t) + h\boldsymbol{v}(t) + \frac{h^2}{2m}\boldsymbol{F}(t) \tag{7.27}$$

$$\boldsymbol{v}(t+h) = \boldsymbol{v}(t) + \frac{h}{m}\boldsymbol{F}(t) \tag{7.28}$$

に帰着する．したがって，摩擦係数が非常に小さい場合，式 (7.26) は十分な精度を有していない．式 (7.26) の代わりに，次のように考えると精度が改善した式を導くことができる．すなわち，式 (7.3) を得るに際して，$\boldsymbol{F}(t_0)$ を一定とするのではなく，時間に対して直線的に変化するものと仮定する．このように仮定すると容易に次式が得られる．

$$\begin{aligned}\boldsymbol{v}(t+h) = \boldsymbol{v}(t)e^{-\zeta h} &+ \frac{1}{m\zeta}\boldsymbol{F}(t)\left\{1 - e^{-\zeta h}\right\} + \frac{1}{m\zeta h}(\boldsymbol{F}(t+h) - \boldsymbol{F}(t)) \\ &\times \left\{h - \frac{1}{\zeta}\left(1 - e^{-\zeta h}\right)\right\} + \boldsymbol{v}^B(t+h)\end{aligned} \tag{7.29}$$

ゆえに，ζが小さい場合，式 (7.25) と (7.29) を用いればよい．なお，$\zeta \to 0$ の極限に対して式 (7.29) が分子動力学法の velocity Verlet アルゴリズムの速度の式に帰着することは容易にわかる．

7.2　一般化ランジュバン方程式

前節のランジュバン方程式は，ブラウン粒子同士の流体力学的相互作用は考慮せず，また異なる時間でのランダム力は相関がないと見なして得られたものである．しかしながら，例えばコロイド粒子が溶媒分子に対して十分大きくない場合などは，ランダム力の無相関という近似では十分でなく，より一般的なランダム力への拡張が必要である．このようにランダム力が一般化されたブラウン運動の支配方程式を一般化ランジュバン方程式 (generalized Langevin equation) といい，次のように表される．

$$m\frac{d\boldsymbol{v}}{dt} = \boldsymbol{F} - m\int_{-\infty}^{t} M(t-\tau)\boldsymbol{v}(\tau)\,d\tau + \boldsymbol{F}^{B} \tag{7.30}$$

ここに，$M(t)$ は記憶関数 (memory function) で，もし $M(t) = 2\zeta\delta(t)$ とすれば，式 (7.1) が得られることになる．したがって，式 (7.1) は式 (7.30) の特別な場合の表式であることがわかる．他の記号は式 (7.1) と同様である．また，注意しなければならないのは，式 (7.30) においても，ブラウン粒子同士の流体力学的な相互作用は無視されていることである．ベクトルを成分表示すれば，式 (7.30) は次のように書ける．

$$m\frac{dv_{\alpha}}{dt} = F_{\alpha} - m\int_{-\infty}^{t} M(t-\tau)v_{\alpha}(\tau)\,d\tau + F_{\alpha}^{B} \quad (\alpha = x, y, z) \tag{7.31}$$

記憶関数 $M(t)$ とランダム力$\boldsymbol{F}^{B}(t)$ はゆらぎ散逸定理 (fluctuation-dissipation theorem) から次の関係で結ばれる[3]．

$$\langle F_{\alpha}^{B}(t)F_{\alpha}^{B}(0)\rangle = M(t)\langle (mv_{\alpha})^{2}\rangle = mkTM(t) \quad (\alpha = x, y, z) \tag{7.32}$$

ここにTは系の温度である．以下に，式 (7.31) のブラウン動力学アルゴリズムの一例[4)]を示す．

粒子の加速度を$\boldsymbol{a}(t)(=d\boldsymbol{v}/dt)$とし，さらに表記の簡素化のために，$\hat{\boldsymbol{F}}(t)=\boldsymbol{F}(t)/m, \hat{\boldsymbol{F}}^B(t)=\boldsymbol{F}^B(t)/m, \hat{\boldsymbol{F}}^F(t)=\boldsymbol{F}^F(t)/m,$ とおけば，式 (7.30) は次のように書ける．

$$\boldsymbol{a}(t+\tau)=\hat{\boldsymbol{F}}(t+\tau)-\hat{\boldsymbol{F}}^F(t+\tau)+\hat{\boldsymbol{F}}^B(t+\tau) \tag{7.33}$$

ただし，$\boldsymbol{F}^F(t)$は式 (7.30) の負の符号を除いた第2項の摩擦力である．$\hat{\boldsymbol{F}}(t+\tau)$をテイラー級数展開すると，

$$\hat{\boldsymbol{F}}(t+\tau)=\hat{\boldsymbol{F}}(t)+\tau\frac{d\hat{\boldsymbol{F}}(t)}{dt}+O(\tau^2) \tag{7.34}$$

この式を考慮して，式 (7.33) をτについて$-\Delta t/2$から$\Delta t/2$まで積分すれば，

$$\begin{aligned}\boldsymbol{v}(t+\frac{1}{2}\Delta t)&=\boldsymbol{v}(t-\frac{1}{2}\Delta t)+\hat{\boldsymbol{F}}(t)\Delta t\\&-\int_{-\Delta t/2}^{\Delta t/2}\hat{\boldsymbol{F}}^F(t+\tau)\,d\tau+\boldsymbol{S}(t)+O((\Delta t)^3)\end{aligned} \tag{7.35}$$

一方，式 (7.33) をτについて$-\tau'$からτ'まで積分し，さらにτ'について0からΔtまで積分すれば，位置$\boldsymbol{r}(t)$の式が次のように得られる．

$$\begin{aligned}\boldsymbol{r}(t+\Delta t)&=2\boldsymbol{r}(t)-\boldsymbol{r}(t-\Delta t)+\hat{\boldsymbol{F}}(t)(\Delta t)^2\\&-\int_0^{\Delta t}\int_{-\tau'}^{\tau'}\hat{\boldsymbol{F}}^F(t+\tau)\,d\tau d\tau'+\boldsymbol{T}(t)+O((\Delta t)^4)\end{aligned} \tag{7.36}$$

ただし，

$$\left.\begin{aligned}\boldsymbol{S}(t)&=\int_{-\Delta t/2}^{\Delta t/2}\hat{\boldsymbol{F}}^B(t+\tau)\,d\tau\\\boldsymbol{T}(t)&=\int_0^{\Delta t}\int_{-\tau'}^{\tau'}\hat{\boldsymbol{F}}^B(t+\tau)\,d\tau d\tau'\end{aligned}\right\} \tag{7.37}$$

さて，$\hat{\boldsymbol{F}}^B(t+\tau)$ をテイラー級数展開すると，

$$\hat{\boldsymbol{F}}^B(t+\tau) = \hat{\boldsymbol{F}}^B(t) + \tau\frac{d\hat{\boldsymbol{F}}^B(t)}{dt} + \frac{\tau^2}{2}\cdot\frac{d^2\hat{\boldsymbol{F}}^B(t)}{dt^2} + O(\tau^3) \tag{7.38}$$

この式を式 (7.37) に代入整理すると，

$$\left.\begin{aligned} \boldsymbol{S}(t) &= \hat{\boldsymbol{F}}^B(t)\Delta t + O((\Delta t)^3) \\ \boldsymbol{T}(t) &= \hat{\boldsymbol{F}}^B(t)(\Delta t)^2 + O((\Delta t)^4) \end{aligned}\right\} \tag{7.39}$$

一方，摩擦力の項 $\hat{\boldsymbol{F}}^F(t+\tau)$ は次のように変形できる．

$$\begin{aligned} \hat{\boldsymbol{F}}^F(t+\tau) &= \int_{-\infty}^{t+\tau} M(t+\tau-t')\boldsymbol{v}(t')\,dt' \\ &= \int_{-\infty}^{\Delta t/2} M(\frac{1}{2}\Delta t - t'')\boldsymbol{v}(t+\tau-\frac{1}{2}\Delta t + t'')\,dt'' \\ &= \sum_{k=0}^{\infty}\int_{-\Delta t/2}^{\Delta t/2} M(k\Delta t + \frac{1}{2}\Delta t - t')\boldsymbol{v}(t+\tau-k\Delta t-\frac{1}{2}\Delta t + t')\,dt' \end{aligned} \tag{7.40}$$

この式において，Mを $(k\Delta t + \Delta t/2)$ のまわりに，$\boldsymbol{v}$を $(t+\tau-k\Delta t-\Delta t/2)$ のまわりにテイラー級数展開し，積分を実行すると，

$$\hat{\boldsymbol{F}}^F(t+\tau) = \Delta t\sum_{k=0}^{\infty} M(k\Delta t+\frac{1}{2}\Delta t)\boldsymbol{v}(t+\tau-k\Delta t-\frac{1}{2}\Delta t)+O((\Delta t)^2) \tag{7.41}$$

さらにこの式において，$\boldsymbol{v}$を $(t-k\Delta t-\Delta t/2)$ のまわりにテイラー級数展開し，式 (7.35) と (7.36) の積分項を計算すると，

$$\left.\begin{aligned} \int_{-\Delta t/2}^{\Delta t/2} \hat{\boldsymbol{F}}^F(t+\tau)\,d\tau &= \hat{\boldsymbol{F}}^F(t)\Delta t + O((\Delta t)^3) \\ \int_0^{\Delta t}\int_{-\tau'}^{\tau'} \hat{\boldsymbol{F}}^F(t+\tau)\,d\tau d\tau' &= \hat{\boldsymbol{F}}^F(t)(\Delta t)^2 + O((\Delta t)^4) \end{aligned}\right\} \tag{7.42}$$

ゆえに，式 (7.39) と (7.42) を式 (7.36) と (7.35) に代入整理し，いままでの結果をまとめると，

$$\boldsymbol{r}(t+\Delta t) = 2\boldsymbol{r}(t) - \boldsymbol{r}(t-\Delta t) + \boldsymbol{a}(t)(\Delta t)^2 + O((\Delta t)^4) \quad (7.43)$$

$$\boldsymbol{v}(t+\Delta t/2) = \boldsymbol{v}(t-\Delta t/2) + \boldsymbol{a}(t)\Delta t + O((\Delta t)^3) \quad (7.44)$$

$$\boldsymbol{a}(t) = \hat{\boldsymbol{F}}(t) - \hat{\boldsymbol{F}}^F(t) + \hat{\boldsymbol{F}}^B(t) \quad (7.45)$$

ここに，

$$\hat{\boldsymbol{F}}^F(t) = \Delta t \sum_{k=0}^{\infty} M(k\Delta t + \Delta t/2)\boldsymbol{v}(t - k\Delta t - \Delta t/2) + O((\Delta t)^2) \quad (7.46)$$

$$\langle \hat{F}_\alpha^B(t)\hat{F}_\alpha^B(0)\rangle = \frac{kT}{m}M(t) \qquad (\alpha = x, y, z) \quad (7.47)$$

式 (7.43)~(7.45) に従って，ブラウン運動をシミュレートすることが可能となる．式 (7.43) は分子動力学法での Verlet アルゴリズムに，式 (7.44) は leapfrog アルゴリズムの速度の式に相当することは容易に見て取れる．$M(t)$ として指数関数の近似式を用いると取り扱いが容易になる[5)]．

ランダム力$\hat{F}_\alpha^B(t)(\alpha = x, y, z)$ は正規分布に従う確率変数と見なすことができる．そこでいま，記憶関数が$n\Delta t$ 時間後にゼロと見なせるならば，すなわち $\langle \hat{F}_\alpha^B(n\Delta t)\hat{F}_\alpha^B(0)\rangle = kTM(n\Delta t)/m = 0$ ならば，時間 $(t_0 + i\Delta t)$ において生じたランダム力を$\hat{F}_{\alpha i}^B$ とおけば，$\hat{F}_{\alpha 1}^B, \hat{F}_{\alpha 2}^B, \cdots, \hat{F}_{\alpha n}^B$ は次の n 次元の正規分布の確率密度関数$\rho(\hat{F}_{\alpha 1}^B, \hat{F}_{\alpha 2}^B, \cdots, \hat{F}_{\alpha n}^B)$ に従う．

$$\rho(\hat{F}_{\alpha 1}^B, \hat{F}_{\alpha 2}^B, \cdots, \hat{F}_{\alpha n}^B) = \frac{1}{\{(2\pi)^n|\boldsymbol{D}|\}^{1/2}} \exp\left(-\frac{1}{2}\boldsymbol{x}\cdot\boldsymbol{D}^{-1}\cdot\boldsymbol{x}\right) \quad (7.48)$$

ここに，$\boldsymbol{x}=[\hat{F}_{\alpha 1}^B, \hat{F}_{\alpha 2}^B, \cdots, \hat{F}_{\alpha n}^B]$ なるベクトル，$\boldsymbol{D}$は$\boldsymbol{D}=[D_{ij}]$ なる $n\times n$ の行列で $D_{ij}=\langle \hat{F}_{\alpha i}^B \hat{F}_{\alpha j}^B\rangle$，$\boldsymbol{D}^{-1}$は逆行列，$|\boldsymbol{D}|$ は行列式である．もし，$\hat{F}_{\alpha 1}^B, \hat{F}_{\alpha 2}^B, \cdots, \hat{F}_{\alpha n-1}^B$が既知ならば，式 (7.48) を満たす$\hat{F}_{\alpha n}^B$が付録 A4 で示した方法により得ることができる．

7.3 拡散テンソル

流体力学的相互作用を考慮したブラウン動力学法の説明に移る前に，ブラウン運動と拡散係数との関係について述べる．この説明を通して，拡散テンソルと抵抗テンソルならびに移動度テンソルとの関係が明らかとなる．

7.3.1 並進運動の拡散係数

いま球状粒子が単独で静止流体中をブラウン運動している場合を考える．ゆえに，回転運動は考慮しない．時間 $t=0$ のときの粒子の速度がゼロで原点にいたとすると，式 (7.4) より $\boldsymbol{r}(t)\boldsymbol{r}(t)$ が次のように得られる．

$$\begin{aligned}&\boldsymbol{r}(t)\boldsymbol{r}(t)\\&=\frac{1}{m^2\zeta^2}\int_0^t\int_0^t \boldsymbol{F}^B(\tau)\boldsymbol{F}^B(\tau')(1-e^{-\zeta(t-\tau)})(1-e^{-\zeta(t-\tau')})\,d\tau d\tau'\end{aligned}\quad(7.49)$$

ここに外力は作用していないとして $\boldsymbol{F}=0$ と置いている．ここで式 (7.2) より次式が成り立つので，

$$\langle\boldsymbol{F}^B(\tau)\boldsymbol{F}^B(\tau')\rangle=2m\zeta kT\delta(\tau-\tau')\boldsymbol{I}\quad(7.50)$$

式 (7.49) の両辺を集団平均すると，

$$\begin{aligned}&\langle\boldsymbol{r}(t)\boldsymbol{r}(t)\rangle\\&\quad=\frac{1}{m^2\zeta^2}\int_0^t\int_0^t 2m\zeta kT(1-e^{-\zeta(t-\tau)})(1-e^{-\zeta(t-\tau')})\delta(\tau-\tau')\boldsymbol{I}\,d\tau d\tau'\\&\quad=\frac{2kT}{m\zeta}\int_0^t\left(1-e^{-\zeta(t-\tau)}\right)^2\boldsymbol{I}\,d\tau\end{aligned}\quad(7.51)$$

ここで t を $\zeta t\gg1$ のように取り，$\xi=m\zeta$ の関係に注意すると，結局次の式が得られる．

$$\langle\boldsymbol{r}(t)\boldsymbol{r}(t)\rangle=2\frac{kT}{\xi}t\boldsymbol{I}\quad(7.52)$$

この式を一般化して，時間 t のとき位置 $\boldsymbol{r}(t)$ にいた粒子が時間 $(t+\Delta t)$ のとき位置 $(\boldsymbol{r}(t)+\Delta\boldsymbol{r})$ に移動したときの変位 $\Delta\boldsymbol{r}$ に当てはめると，次のようになる．

$$\langle \Delta \boldsymbol{r} \Delta \boldsymbol{r} \rangle = 2\frac{kT}{\xi}\Delta t \boldsymbol{I} \tag{7.53}$$

さてここで，粒子が時間 $t \to (t+\Delta t)$ に対して $\boldsymbol{r}(t)$ から $(\boldsymbol{r}(t)+\Delta \boldsymbol{r})$ に移動する場合の推移確率 $p(\Delta \boldsymbol{r}, \Delta t)$ を導入する．まず規格化条件より，

$$\int p(\Delta \boldsymbol{r}, \Delta t)\, d(\Delta \boldsymbol{r}) = 1 \tag{7.54}$$

ゆえに，次の式が成り立つことは明らかである．

$$\langle \Delta \boldsymbol{r} \Delta \boldsymbol{r} \rangle = \int p(\Delta \boldsymbol{r}, \Delta t) \Delta \boldsymbol{r} \Delta \boldsymbol{r}\, d(\Delta \boldsymbol{r}) \tag{7.55}$$

次に粒子の位置に関する確率密度関数 $n(\boldsymbol{r}, t)$ を導入する．$n(\boldsymbol{r}, t)\, d\boldsymbol{r}$ は粒子が時間 t において $\boldsymbol{r} \sim (\boldsymbol{r}+\Delta \boldsymbol{r})$ の微小領域に見い出される確率を与えるので，次の式が成り立つ．

$$n(\boldsymbol{r}, t+\Delta t) = \int n(\boldsymbol{r}-\Delta \boldsymbol{r}, t) p(\Delta \boldsymbol{r}, \Delta t)\, d(\Delta \boldsymbol{r}) \tag{7.56}$$

次のテイラー級数展開を考慮すれば，

$$\left.\begin{aligned} n(\boldsymbol{r}, t+\Delta t) &= n(\boldsymbol{r}, t) + \Delta t \frac{\partial n(\boldsymbol{r}, t)}{\partial t} + \cdots \\ n(\boldsymbol{r}-\Delta \boldsymbol{r}, t) &= n(\boldsymbol{r}, t) - \Delta \boldsymbol{r} \cdot \nabla n + \frac{1}{2}\Delta \boldsymbol{r} \Delta \boldsymbol{r} : \nabla\nabla n + \cdots \end{aligned}\right\} \tag{7.57}$$

式 (7.56) は次のように変形できる．

$$\begin{aligned} \Delta t \frac{\partial n}{\partial t} = &-\int (\Delta \boldsymbol{r} \cdot \Delta n) p(\Delta \boldsymbol{r}, \Delta t)\, d(\Delta \boldsymbol{r}) \\ &+ \frac{1}{2}\int (\Delta \boldsymbol{r} \Delta \boldsymbol{r} : \nabla\nabla n) p(\Delta \boldsymbol{r}, \Delta t)\, d(\Delta \boldsymbol{r}) + \cdots \end{aligned} \tag{7.58}$$

ここに，右辺第 1 項は $p(-\Delta \boldsymbol{r}, \Delta t) = p(\Delta \boldsymbol{r}, \Delta t)$ の関係を考慮するとゼロになることがわかる．右辺第 2 項は式 (7.55) および (7.53) を考慮すると容易に変形でき，結局式 (7.58) は次の拡散方程式に帰着する．

$$\frac{\partial n}{\partial t} = \frac{kT}{\xi}\nabla^2 n \tag{7.59}$$

ゆえに，拡散係数を D で表せば，D は摩擦係数 $\xi(=m\zeta=6\pi\eta a)$ と次の関係にある．

$$D = kT/\xi \tag{7.60}$$

この関係を用いれば，式 (7.53) は次のように書き直すことができる．

$$\langle \Delta\boldsymbol{r}\Delta\boldsymbol{r}\rangle = 2D\Delta t\boldsymbol{I} \tag{7.61}$$

7.3.2 回転運動の拡散係数

回転ブラウン運動に関しても式 (7.60) および (7.61) と類似の関係式が存在する．粒子の向きをベクトル $\boldsymbol{\phi}$ で表し，その微小変化 $d\boldsymbol{\phi}$ を

$$d\boldsymbol{\phi} = d\phi_x\boldsymbol{\delta}_x + d\phi_y\boldsymbol{\delta}_y + d\phi_z\boldsymbol{\delta}_z \tag{7.62}$$

のように書くとすると，式 (7.61) に相当する次の関係がある．

$$\langle \Delta\boldsymbol{\phi}\Delta\boldsymbol{\phi}\rangle = 2D^R\Delta t\boldsymbol{I} \tag{7.63}$$

ここに，回転ブラウン運動の拡散係数 D^R は回転の摩擦係数を $\xi^R(=8\pi\eta a^3)$ とすれば次のとおりである．

$$D^R = kT/\xi^R \tag{7.64}$$

なお，角速度 $\boldsymbol{\omega}$ は $\boldsymbol{\omega}=d\boldsymbol{\phi}/dt$ より得られる．

7.3.3 球状粒子の拡散テンソル

球状粒子の場合，並進運動と回転運動とは連成しないので，$\Delta\boldsymbol{r}$ と $\Delta\boldsymbol{\phi}$ とは相関がない．すなわち，

$$\langle \Delta\boldsymbol{r}\Delta\boldsymbol{\phi}\rangle = 0 \tag{7.65}$$

ゆえに，並進運動の拡散係数を D^T として回転運動の拡散係数 D^R と区別すれば，並進運動の拡散テンソル $\boldsymbol{D}^T$ は式 (7.61) を考慮して次のように書ける．

$$\boldsymbol{D}^T = \begin{bmatrix} D^T_{xx} & D^T_{xy} & D^T_{xz} \\ D^T_{yx} & D^T_{yy} & D^T_{yz} \\ D^T_{zx} & D^T_{zy} & D^T_{zz} \end{bmatrix} = \begin{bmatrix} D^T & 0 & 0 \\ 0 & D^T & 0 \\ 0 & 0 & D^T \end{bmatrix} \tag{7.66}$$

式 (7.66) において上付き添字 T を R に置き換えれば，回転運動の拡散テンソル $\boldsymbol{D}^R$ の式を得ることができる．いま，位置と方向を表す変数を一般化して $q_i(i = 1, 2, \cdots, 6)$ で表すことにすると，式 (7.61) と (7.63) が一つの式で表すことができる．すなわち，

$$\langle \Delta q_i \Delta q_j \rangle = 2D_{ij}\Delta t \tag{7.67}$$

なお，$(q_1, q_2, q_3, q_4, q_5, q_6) = (x, y, z, \phi_x, \phi_y, \phi_z)$ である．したがって，粒子の並進および回転運動に対する拡散テンソルを含めた全体の拡散行列 $\boldsymbol{D}$ が次のように書ける．

$$\boldsymbol{D} = \begin{bmatrix} D_{11} & D_{12} & D_{13} & D_{14} & D_{15} & D_{16} \\ D_{21} & D_{22} & D_{23} & D_{24} & D_{25} & D_{26} \\ D_{31} & D_{32} & D_{33} & D_{34} & D_{35} & D_{36} \\ D_{41} & D_{42} & D_{43} & D_{44} & D_{45} & D_{46} \\ D_{51} & D_{52} & D_{53} & D_{54} & D_{55} & D_{56} \\ D_{61} & D_{62} & D_{63} & D_{64} & D_{65} & D_{66} \end{bmatrix} = \begin{bmatrix} D^T & 0 & 0 & 0 & 0 & 0 \\ 0 & D^T & 0 & 0 & 0 & 0 \\ 0 & 0 & D^T & 0 & 0 & 0 \\ 0 & 0 & 0 & D^R & 0 & 0 \\ 0 & 0 & 0 & 0 & D^R & 0 \\ 0 & 0 & 0 & 0 & 0 & D^R \end{bmatrix} \tag{7.68}$$

式 (7.67) の関係から拡散行列が対称行列であることがわかる．

静止流体中における単一粒子の運動に対する移動度行列 $\boldsymbol{M}$ は，式 (3.45),(3.1), (3.2) より次のように書ける．

$$\boldsymbol{M} = \begin{bmatrix} M_{11} & M_{12} & M_{13} & M_{14} & M_{15} & M_{16} \\ M_{21} & M_{22} & M_{23} & M_{24} & M_{25} & M_{26} \\ M_{31} & M_{32} & M_{33} & M_{34} & M_{35} & M_{36} \\ M_{41} & M_{42} & M_{43} & M_{44} & M_{45} & M_{46} \\ M_{51} & M_{52} & M_{53} & M_{54} & M_{55} & M_{56} \\ M_{61} & M_{62} & M_{63} & M_{64} & M_{65} & M_{66} \end{bmatrix} = \begin{bmatrix} M^T & 0 & 0 & 0 & 0 & 0 \\ 0 & M^T & 0 & 0 & 0 & 0 \\ 0 & 0 & M^T & 0 & 0 & 0 \\ 0 & 0 & 0 & M^R & 0 & 0 \\ 0 & 0 & 0 & 0 & M^R & 0 \\ 0 & 0 & 0 & 0 & 0 & M^R \end{bmatrix} \tag{7.69}$$

ただし，M^T と M^R は次のとおりである．

$$M^T = 1/6\pi a\ , \quad M^R = 1/8\pi a^3 \tag{7.70}$$

同様に抵抗行列 $\boldsymbol{R}$ は次のように書ける．

$$
\boldsymbol{R} = \begin{bmatrix} R_{11} & R_{12} & R_{13} & R_{14} & R_{15} & R_{16} \\ R_{21} & R_{22} & R_{23} & R_{24} & R_{25} & R_{26} \\ R_{31} & R_{32} & R_{33} & R_{34} & R_{35} & R_{36} \\ R_{41} & R_{42} & R_{43} & R_{44} & R_{45} & R_{46} \\ R_{51} & R_{52} & R_{53} & R_{54} & R_{55} & R_{56} \\ R_{61} & R_{62} & R_{63} & R_{64} & R_{65} & R_{66} \end{bmatrix} = \begin{bmatrix} R^T & 0 & 0 & 0 & 0 & 0 \\ 0 & R^T & 0 & 0 & 0 & 0 \\ 0 & 0 & R^T & 0 & 0 & 0 \\ 0 & 0 & 0 & R^R & 0 & 0 \\ 0 & 0 & 0 & 0 & R^R & 0 \\ 0 & 0 & 0 & 0 & 0 & R^R \end{bmatrix} \tag{7.71}
$$

ただし，R^TとR^Rは次のとおりである．

$$
R^T = 6\pi a\ , \quad R^R = 8\pi a^3 \tag{7.72}
$$

以上から明らかなように，拡散行列$\boldsymbol{D}$と移動度行列$\boldsymbol{M}$および抵抗行列$\boldsymbol{R}$とは次の関係にある．

$$
\boldsymbol{D} = \frac{kT}{\eta}\boldsymbol{M} = \frac{kT}{\eta}\boldsymbol{R}^{-1} \tag{7.73}
$$

7.3.4 拡散行列と移動度行列および抵抗行列間の一般的な関係

前項までは単一の球状粒子の場合について述べた．ここでは一般的な形状の粒子を有するN粒子系について考える．いま位置と粒子の向きを一般化した表記を用いて変数$q_i (i = 1, 2, \cdots, 6N)$で表すことにする．この場合，$(q_1, q_2, q_3)$が粒子1の位置$(x, y, z)$座標成分を表し，$(q_{3N+1}, q_{3N+2}, q_{3N+3})$が粒子1の向き$(\phi_x, \phi_y, \phi_z)$成分を表す．このような記号を用いると，拡散テンソルの成分から構成される拡散行列$\boldsymbol{D}$は次のような$6N \times 6N$の行列となる．

$$
\boldsymbol{D} = \begin{bmatrix} D_{11} & D_{12} & \cdots & D_{1,3N} & D_{1,3N+1} & D_{1,3N+2} & \cdots & D_{1,6N} \\ D_{21} & D_{22} & \cdots & D_{2,3N} & D_{2,3N+1} & D_{2,3N+2} & \cdots & D_{2,6N} \\ \vdots & \vdots & & \vdots & \vdots & \vdots & & \vdots \\ D_{3N,1} & D_{3N,2} & \cdots & D_{3N,3N} & D_{3N,3N+1} & D_{3N,3N+2} & \cdots & D_{3N,6N} \\ D_{3N+1,1} & D_{3N+1,2} & \cdots & D_{3N+1,3N} & D_{3N+1,3N+1} & D_{3N+1,3N+2} & \cdots & D_{3N+1,6N} \\ D_{3N+2,1} & D_{3N+2,2} & \cdots & D_{3N+2,3N} & D_{3N+2,3N+1} & D_{3N+2,3N+2} & \cdots & D_{3N+2,6N} \\ \vdots & \vdots & & \vdots & \vdots & \vdots & & \vdots \\ D_{6N,1} & D_{6N,2} & \cdots & D_{6N,3N} & D_{6N,3N+1} & D_{6N,3N+2} & \cdots & D_{6N,6N} \end{bmatrix} \tag{7.74}
$$

同様に移動度行列$\boldsymbol{M}$および抵抗行列$\boldsymbol{R}$が次のように書ける.

$$\boldsymbol{M} = \begin{bmatrix} M_{11} & M_{12} & \cdots & M_{1,3N} & M_{1,3N+1} & M_{1,3N+2} & \cdots & M_{1,6N} \\ M_{21} & M_{22} & \cdots & M_{2,3N} & M_{2,3N+1} & M_{2,3N+2} & \cdots & M_{2,6N} \\ \vdots & \vdots & & \vdots & \vdots & \vdots & & \vdots \\ M_{3N,1} & M_{3N,2} & \cdots & M_{3N,3N} & M_{3N,3N+1} & M_{3N,3N+2} & \cdots & M_{3N,6N} \\ M_{3N+1,1} & M_{3N+1,2} & \cdots & M_{3N+1,3N} & M_{3N+1,3N+1} & M_{3N+1,3N+2} & \cdots & M_{3N+1,6N} \\ M_{3N+2,1} & M_{3N+2,2} & \cdots & M_{3N+2,3N} & M_{3N+2,3N+1} & M_{3N+2,3N+2} & \cdots & M_{3N+2,6N} \\ \vdots & \vdots & & \vdots & \vdots & \vdots & & \vdots \\ M_{6N,1} & M_{6N,2} & \cdots & M_{6N,3N} & M_{6N,3N+1} & M_{6N,3N+2} & \cdots & M_{6N,6N} \end{bmatrix} \tag{7.75}$$

$$\boldsymbol{R} = \begin{bmatrix} R_{11} & R_{12} & \cdots & R_{1,3N} & R_{1,3N+1} & R_{1,3N+2} & \cdots & R_{1,6N} \\ R_{21} & R_{22} & \cdots & R_{2,3N} & R_{2,3N+1} & R_{2,3N+2} & \cdots & R_{2,6N} \\ \vdots & \vdots & & \vdots & \vdots & \vdots & & \vdots \\ R_{3N,1} & R_{3N,2} & \cdots & R_{3N,3N} & R_{3N,3N+1} & R_{3N,3N+2} & \cdots & R_{3N,6N} \\ R_{3N+1,1} & R_{3N+1,2} & \cdots & R_{3N+1,3N} & R_{3N+1,3N+1} & R_{3N+1,3N+2} & \cdots & R_{3N+1,6N} \\ R_{3N+2,1} & R_{3N+2,2} & \cdots & R_{3N+2,3N} & R_{3N+2,3N+1} & R_{3N+2,3N+2} & \cdots & R_{3N+2,6N} \\ \vdots & \vdots & & \vdots & \vdots & \vdots & & \vdots \\ R_{6N,1} & R_{6N,2} & \cdots & R_{6N,3N} & R_{6N,3N+1} & R_{6N,3N+2} & \cdots & R_{6N,6N} \end{bmatrix} \tag{7.76}$$

このような拡散行列と移動度行列および抵抗行列との間には，先の単一球の場合と同様に次の関係がある.

$$\boldsymbol{D} = \frac{kT}{\eta}\boldsymbol{M} = \frac{kT}{\eta}\boldsymbol{R}^{-1} \tag{7.77}$$

ブラウン運動による変位Δq_iとΔq_jおよび拡散行列の成分である拡散係数D_{ij}との間には次のような関係がある.

$$\langle \Delta q_i \Delta q_j \rangle = 2D_{ij}\Delta t \tag{7.78}$$

この関係から明らかなように，拡散行列および移動度行列ならびに抵抗行列はすべて対称行列である．式 (7.74) の拡散行列$\boldsymbol{D}$は粒子 i,j間の並進運動および回転運動の拡散テンソル$\boldsymbol{D}_{ij}^T$,$\boldsymbol{D}_{ij}^R$を用いると次のようにも書ける．

$$\boldsymbol{D} = \begin{bmatrix} \boldsymbol{D}_{11}^T & \boldsymbol{D}_{12}^T & \cdots & \boldsymbol{D}_{1N}^T & \tilde{\boldsymbol{D}}_{11}^C & \tilde{\boldsymbol{D}}_{12}^C & \cdots & \tilde{\boldsymbol{D}}_{1N}^C \\ \boldsymbol{D}_{21}^T & \boldsymbol{D}_{22}^T & \cdots & \boldsymbol{D}_{2N}^T & \tilde{\boldsymbol{D}}_{21}^C & \tilde{\boldsymbol{D}}_{22}^C & \cdots & \tilde{\boldsymbol{D}}_{2N}^C \\ \vdots & \vdots & & \vdots & \vdots & \vdots & & \vdots \\ \boldsymbol{D}_{N1}^T & \boldsymbol{D}_{N2}^T & \cdots & \boldsymbol{D}_{NN}^T & \tilde{\boldsymbol{D}}_{N1}^C & \tilde{\boldsymbol{D}}_{N2}^C & \cdots & \tilde{\boldsymbol{D}}_{NN}^C \\ \boldsymbol{D}_{11}^C & \boldsymbol{D}_{12}^C & \cdots & \boldsymbol{D}_{1N}^C & \boldsymbol{D}_{11}^R & \boldsymbol{D}_{12}^R & \cdots & \boldsymbol{D}_{1N}^R \\ \boldsymbol{D}_{21}^C & \boldsymbol{D}_{22}^C & \cdots & \boldsymbol{D}_{2N}^C & \boldsymbol{D}_{21}^R & \boldsymbol{D}_{22}^R & \cdots & \boldsymbol{D}_{2N}^R \\ \vdots & \vdots & & \vdots & \vdots & \vdots & & \vdots \\ \boldsymbol{D}_{N1}^C & \boldsymbol{D}_{N2}^C & \cdots & \boldsymbol{D}_{NN}^C & \boldsymbol{D}_{N1}^R & \boldsymbol{D}_{N2}^R & \cdots & \boldsymbol{D}_{NN}^R \end{bmatrix} \tag{7.79}$$

ここに，上付き添字 Cの付いたテンソル量は粒子の位置と向きの連成に起因する項であり，$\tilde{\boldsymbol{D}}_{ij}^C$は$\boldsymbol{D}_{ij}^C$と次の関係にある．

$$\tilde{\boldsymbol{D}}_{ij}^C = (\boldsymbol{D}_{ji}^C)^t \tag{7.80}$$

上式において上付き添字 t は転置テンソルを意味する．移動度行列および抵抗行列も式 (7.79) と同様な形に表すことができるが，ここでは省略する．式 (7.79) のような表記の拡散行列を用いると粒子 i,jの位置の変位$\Delta\boldsymbol{r}_i$と$\Delta\boldsymbol{r}_j$は拡散テンソル$\boldsymbol{D}_{ij}^T$と次のような関係で結ばれる．

$$\langle \Delta\boldsymbol{r}_i \Delta\boldsymbol{r}_j \rangle = 2\boldsymbol{D}_{ij}^T \Delta t \tag{7.81}$$

同様に，粒子 i,jの向きの変位$\Delta\boldsymbol{\phi}_i$と$\Delta\boldsymbol{\phi}_j$は拡散テンソル$\boldsymbol{D}_{ij}^R$を用いると，

$$\langle \Delta\boldsymbol{\phi}_i \Delta\boldsymbol{\phi}_j \rangle = 2\boldsymbol{D}_{ij}^R \Delta t \tag{7.82}$$

さらに，$\Delta\boldsymbol{r}_i$と$\Delta\boldsymbol{\phi}_j$との関係は次のとおりである．

$$\left\langle \Delta \boldsymbol{r}_i \Delta \boldsymbol{\phi}_j \right\rangle = 2\tilde{\boldsymbol{D}}_{ij}^{C} \Delta t \tag{7.83}$$

最後に拡散行列を式 (7.74) の形で表したときの成分 D_{ij} と D_{ii} および D_{jj} との大小関係を見てみる．任意の定数 a, b に対して，次の分散の式が成り立つので，

$$\sigma^2(a\Delta q_i + b\Delta q_j) = \left\langle a^2(\Delta q_i)^2 + b^2(\Delta q_j)^2 + 2ab\Delta q_i \Delta q_j \right\rangle \geq 0 \tag{7.84}$$

したがって，$a = (D_{jj})^{1/2}$,$b = \pm(D_{ii})^{1/2}$ と置けば，次の不等式が導ける．

$$(D_{ii})^{1/2}(D_{jj})^{1/2} \geq D_{ij} \geq -(D_{ii})^{1/2}(D_{jj})^{1/2} \tag{7.85}$$

7.4 粒子間の流体力学的相互作用を考慮したブラウン動力学アルゴリズム

第 7.1 節および 7.2 節で説明した方法は，ブラウン粒子同士の流体力学的相互作用が無視できる希釈なコロイド分散系に対するものであった．この節ではブラウン粒子同士の流体力学的相互作用を考慮したブラウン動力学法を示す．このようなブラウン動力学法は非希釈コロイド分散系に対するものである．なお，流れ場は式 (2.9) に示した線形流れ場を仮定する．

7.4.1 回転運動が無視できる場合

N 個のブラウン粒子が流体力学的に相互作用している場合の運動方程式は，式 (7.1) の一般形として次のように表すことができる[6]．

$$m_i \frac{d\boldsymbol{v}_i}{dt} = \boldsymbol{F}_i^H + \boldsymbol{F}_i^P + \boldsymbol{F}_i^B \tag{7.86}$$

ここに，$\boldsymbol{F}_i^H$ は粒子の運動によって引き起こされる流体運動に起因する力で流体が粒子に作用する力，$\boldsymbol{F}_i^P$ は外力と粒子間ポテンシャルに起因する力の和，$\boldsymbol{F}_i^B$

はブラウン運動を引き起こすランダム力であり，$\boldsymbol{F}_i^H$に関しては式(4.6)を参考にすれば，それぞれ次のように表せる．

$$\boldsymbol{F}_i^H = -\eta \sum_{j=1}^{N} \boldsymbol{R}_{ij} \cdot (\boldsymbol{v}_j - \boldsymbol{U}(\boldsymbol{r}_j)) + \eta \tilde{\boldsymbol{G}}_i' : \boldsymbol{E} \tag{7.87}$$

$$\boldsymbol{F}_i^P = -\sum_{j=1(\neq i)}^{N} \frac{\partial}{\partial \boldsymbol{r}_i} u_{ij} + \boldsymbol{F}_i^{(ext)} \tag{7.88}$$

$$\left\langle \boldsymbol{F}_i^B(t) \right\rangle = 0 \ , \quad \left\langle \boldsymbol{F}_i^B(t) \boldsymbol{F}_j^B(t') \right\rangle = 2kT\eta \boldsymbol{R}_{ij} \delta(t-t') \tag{7.89}$$

ただし，u_{ij}は粒子i, j間のポテンシャル・エネルギー，$\boldsymbol{F}_i^{(ext)}$は外力，kはボルツマン定数，Tは分散系の温度である．また，$\boldsymbol{R}_{ij}$は抵抗テンソルである．ランダム力$\boldsymbol{F}_i^B$は次のように書くこともできる．

$$\boldsymbol{F}_i^B = \sum_{j=1}^{N} \boldsymbol{\alpha}_{ij} \cdot \hat{\boldsymbol{F}}_j^B \tag{7.90}$$

ただし，テンソル$\boldsymbol{\alpha}_{ij}$およびベクトル$\hat{\boldsymbol{F}}_i^B$はそれぞれ次の関係式を満足する．

$$\boldsymbol{R}_{ij} = \frac{1}{\eta kT} \sum_{l=1}^{N} \boldsymbol{\alpha}_{il} \cdot \boldsymbol{\alpha}_{jl} \tag{7.91}$$

$$\left\langle \hat{\boldsymbol{F}}_i^B(t) \right\rangle = 0 \ , \quad \left\langle \hat{\boldsymbol{F}}_i^B(t) \hat{\boldsymbol{F}}_j^B(t') \right\rangle = 2\delta_{ij} \delta(t-t') \boldsymbol{I} \tag{7.92}$$

ここに，δ_{ij}はクロネッカーのデルタ，$\boldsymbol{I}$は単位テンソルであり，$\boldsymbol{\alpha}_{ij}$が対称テンソルなので式(7.90)で表された$\boldsymbol{F}_i^B$が式(7.89)を満足することは容易に証明できる．

添字jに対する式(7.86)の両辺に，以下に示すテンソル$\boldsymbol{D}_{ij}/kT$を乗じてjについて和を取ると，次の式が得られる．

$$\sum_{j=1}^{N} \boldsymbol{\tau}_{ij} \cdot \frac{d\boldsymbol{v}_j}{dt} = -(\boldsymbol{v}_i - \boldsymbol{U}(\boldsymbol{r}_i)) + \frac{\eta}{kT} \sum_{j=1}^{N} \boldsymbol{D}_{ij} \cdot (\tilde{\boldsymbol{G}}_j' : \boldsymbol{E})$$
$$+ \frac{1}{kT} \sum_{j=1}^{N} \boldsymbol{D}_{ij} \cdot \boldsymbol{F}_j^P + \sum_{j=1}^{N} \boldsymbol{\sigma}_{ij} \cdot \hat{\boldsymbol{F}}_j^B \tag{7.93}$$

ただし，

$$\sum_{l=1}^{N} \boldsymbol{R}_{il} \cdot \boldsymbol{D}_{lj} = \sum_{l=1}^{N} \boldsymbol{D}_{il} \cdot \boldsymbol{R}_{lj} = \frac{kT}{\eta} \delta_{ij} \boldsymbol{I} \tag{7.94}$$

$$\boldsymbol{\sigma}_{ij} = \frac{1}{kT} \sum_{l=1}^{N} \boldsymbol{D}_{il} \cdot \boldsymbol{\alpha}_{lj} \ , \quad \boldsymbol{\tau}_{ij} = \frac{m_j}{kT} \boldsymbol{D}_{ij} \tag{7.95}$$

$\boldsymbol{D}_{ij}$は拡散テンソル，式 (7.94) は，$\boldsymbol{R}_{ij}$を小行列とする抵抗行列$\boldsymbol{R}$と$\boldsymbol{D}_{ij}$を小行列とする拡散行列$\boldsymbol{D}$との関係が$\boldsymbol{D} = kT\boldsymbol{R}^{-1}/\eta$であることを表している．$\boldsymbol{R}$と$\boldsymbol{D}$は例えば 3 粒子系の場合次のとおりである．

$$\boldsymbol{R} = \begin{bmatrix} \boldsymbol{R}_{11} & \boldsymbol{R}_{12} & \boldsymbol{R}_{13} \\ \boldsymbol{R}_{21} & \boldsymbol{R}_{22} & \boldsymbol{R}_{23} \\ \boldsymbol{R}_{31} & \boldsymbol{R}_{32} & \boldsymbol{R}_{33} \end{bmatrix} , \quad \boldsymbol{D} = \begin{bmatrix} \boldsymbol{D}_{11} & \boldsymbol{D}_{12} & \boldsymbol{D}_{13} \\ \boldsymbol{D}_{21} & \boldsymbol{D}_{22} & \boldsymbol{D}_{23} \\ \boldsymbol{D}_{31} & \boldsymbol{D}_{32} & \boldsymbol{D}_{33} \end{bmatrix} \tag{7.96}$$

せん断流による項は別として，Ermak と McCammon[7]は式 (7.93) の諸量をテイラー級数展開するなどして，次の式を導出した．

$$\begin{aligned} \boldsymbol{r}_i(t+\Delta t) = \boldsymbol{r}_i(t) &+ \boldsymbol{U}(\boldsymbol{r}_i)\Delta t + \frac{\eta}{kT} \sum_{j=1}^{N} \boldsymbol{D}_{ij}(t) \cdot (\tilde{\boldsymbol{G}}_j'(t) : \boldsymbol{E}) \Delta t \\ &+ \frac{1}{kT} \sum_{j=1}^{N} \boldsymbol{D}_{ij}(t) \cdot \boldsymbol{F}_j^P(t) \Delta t \\ &+ \sum_{j=1}^{N} \frac{\partial}{\partial \boldsymbol{r}_j} \cdot (\boldsymbol{D}_{ij}(t)) \Delta t + \Delta \boldsymbol{r}_i^B(t) \end{aligned} \tag{7.97}$$

$$\left\langle \Delta \boldsymbol{r}_i^B(t) \right\rangle = 0 \ , \quad \left\langle (\Delta \boldsymbol{r}_i^B(t))(\Delta \boldsymbol{r}_j^B(t)) \right\rangle = 2\boldsymbol{D}_{ij}(t)\Delta t \tag{7.98}$$

これらの式は，時間きざみΔt がブラウン粒子の運動量の緩和時間 ($\simeq m/6\pi\eta a, a$: 粒子半径) よりも十分長く，さらに粒子に作用する力と拡散テンソルの勾配等が時間Δt 間で実質的に一定と見なせる微小時間間隔Δt に対して得られたものである．このことは換言すると，粒子の運動量の緩和時間が位置の緩和時間よりも遥かに短いと仮定していることに他ならない．ゆえに，ランダム力に起因した急激な粒子の運動はΔt 時間内で十分平滑化されることになる．

速度$\boldsymbol{v}_i(t)$ の前進差分近似の公式を考慮すると，式 (7.97) が次のように書けることは容易に理解できる．

$$\boldsymbol{v}_i(t) = \boldsymbol{U}(\boldsymbol{r}_i) + \frac{1}{kT}\sum_{j=1}^{N}\boldsymbol{D}_{ij}(t)\cdot\boldsymbol{F}_j^P(t) + \frac{\eta}{kT}\sum_{j=1}^{N}\boldsymbol{D}_{ij}(t)\cdot(\tilde{\boldsymbol{G}}_j'(t):\boldsymbol{E}) + \sum_{j=1}^{N}\frac{\partial}{\partial\boldsymbol{r}_j}\cdot(\boldsymbol{D}_{ij}(t)) + \Delta\boldsymbol{v}_i^B(t) \tag{7.99}$$

$$\left\langle\Delta\boldsymbol{v}_i^B(t)\right\rangle = 0\ , \quad \left\langle(\Delta\boldsymbol{v}_i^B(t))(\Delta\boldsymbol{v}_j^B(t))\right\rangle = 2\boldsymbol{D}_{ij}(t)/\Delta t \tag{7.100}$$

これは Tough ら[8]が示した式に他ならない．式 (7.97) よりも式 (7.99) のほうが，各項の物理的な意味を把握しやすい．式 (7.99) の右辺第 2 項は，$i \neq j$の場合他の粒子がまわりの流体に及ぼす力によって粒子 i の位置に誘起される速度を意味している．ここで注意しなければならない点は以下のとおりである．速度が時間きざみΔt に依存するので，式 (7.99) で得られる$\boldsymbol{v}_i(t)$ の値は実際の巨視的な速度には対応していない．もしブラウン運動が無視できるならば，式 (7.99) はストークス動力学法の式 (6.3) に帰着するので，式 (7.97) で示した方法は速度加算近似に基づいた方法であるということが言える．

もし拡散テンソル$\boldsymbol{D}_{ij}$として，式 (3.57) で示したオセーン・テンソルや式 (3.61) で示した Rotne-Prager テンソルを用いるならば，次の性質を有するので，式 (7.97) の取り扱いは比較的簡単になる．

$$\sum_{j=1}^{N}\frac{\partial}{\partial\boldsymbol{r}_j}\cdot(\boldsymbol{D}_{ij}) = 0 \tag{7.101}$$

しかしながら，より厳密な拡散テンソルがこの性質を有するとは限らない．式 (7.98) を満足する確率変数は多変量正規分布 (multivariate normal distribution) に従うことになり，一様乱数を用いた多変量正規分布に従う確率変数の発生法は付録 A4 に示してあるので，そちらを参照されたい．

7.4.2 並進運動と回転運動を考慮した場合

コロイド粒子の回転運動も考慮しなければならない場合，粒子の運動方程式は並進運動と回転運動に対して次のように書ける．

$$
\begin{bmatrix} m_1 d\boldsymbol{v}_1/dt \\ m_2 d\boldsymbol{v}_2/dt \\ \vdots \\ m_N d\boldsymbol{v}_N/dt \\ I_1 d\boldsymbol{\omega}_1/dt \\ I_2 d\boldsymbol{\omega}_2/dt \\ \vdots \\ I_N d\boldsymbol{\omega}_N/dt \end{bmatrix}
= -\eta
\begin{bmatrix}
\boldsymbol{R}^T_{11} & \boldsymbol{R}^T_{12} & \cdots & \boldsymbol{R}^T_{1N} & \tilde{\boldsymbol{R}}^C_{11} & \tilde{\boldsymbol{R}}^C_{12} & \cdots & \tilde{\boldsymbol{R}}^C_{1N} \\
\boldsymbol{R}^T_{21} & \boldsymbol{R}^T_{22} & \cdots & \boldsymbol{R}^T_{2N} & \tilde{\boldsymbol{R}}^C_{21} & \tilde{\boldsymbol{R}}^C_{22} & \cdots & \tilde{\boldsymbol{R}}^C_{2N} \\
\vdots & \vdots & & \vdots & \vdots & \vdots & & \vdots \\
\boldsymbol{R}^T_{N1} & \boldsymbol{R}^T_{N2} & \cdots & \boldsymbol{R}^T_{NN} & \tilde{\boldsymbol{R}}^C_{N1} & \tilde{\boldsymbol{R}}^C_{N2} & \cdots & \tilde{\boldsymbol{R}}^C_{NN} \\
\boldsymbol{R}^C_{11} & \boldsymbol{R}^C_{12} & \cdots & \boldsymbol{R}^C_{1N} & \boldsymbol{R}^R_{11} & \boldsymbol{R}^R_{12} & \cdots & \boldsymbol{R}^R_{1N} \\
\boldsymbol{R}^C_{21} & \boldsymbol{R}^C_{22} & \cdots & \boldsymbol{R}^C_{2N} & \boldsymbol{R}^R_{21} & \boldsymbol{R}^R_{22} & \cdots & \boldsymbol{R}^R_{2N} \\
\vdots & \vdots & & \vdots & \vdots & \vdots & & \vdots \\
\boldsymbol{R}^C_{N1} & \boldsymbol{R}^C_{N2} & \cdots & \boldsymbol{R}^C_{NN} & \boldsymbol{R}^R_{N1} & \boldsymbol{R}^R_{N2} & \cdots & \boldsymbol{R}^R_{NN}
\end{bmatrix}
\begin{bmatrix} \boldsymbol{v}_1 - \boldsymbol{U}(\boldsymbol{r}_1) \\ \boldsymbol{v}_2 - \boldsymbol{U}(\boldsymbol{r}_2) \\ \vdots \\ \boldsymbol{v}_N - \boldsymbol{U}(\boldsymbol{r}_N) \\ \boldsymbol{\omega}_1 - \boldsymbol{\Omega} \\ \boldsymbol{\omega}_2 - \boldsymbol{\Omega} \\ \vdots \\ \boldsymbol{\omega}_N - \boldsymbol{\Omega} \end{bmatrix}
$$

$$
+\eta
\begin{bmatrix} \tilde{\boldsymbol{G}}'_1 : \boldsymbol{E} \\ \tilde{\boldsymbol{G}}'_2 : \boldsymbol{E} \\ \vdots \\ \tilde{\boldsymbol{G}}'_N : \boldsymbol{E} \\ \tilde{\boldsymbol{H}}'_1 : \boldsymbol{E} \\ \tilde{\boldsymbol{H}}'_2 : \boldsymbol{E} \\ \vdots \\ \tilde{\boldsymbol{H}}'_N : \boldsymbol{E} \end{bmatrix}
+
\begin{bmatrix} \boldsymbol{F}^P_1 \\ \boldsymbol{F}^P_2 \\ \vdots \\ \boldsymbol{F}^P_N \\ \boldsymbol{T}^P_1 \\ \boldsymbol{T}^P_2 \\ \vdots \\ \boldsymbol{T}^P_N \end{bmatrix}
+
\begin{bmatrix}
\boldsymbol{\alpha}^T_{11} & \boldsymbol{\alpha}^T_{12} & \cdots & \boldsymbol{\alpha}^T_{1N} & \tilde{\boldsymbol{\alpha}}^C_{11} & \tilde{\boldsymbol{\alpha}}^C_{12} & \cdots & \tilde{\boldsymbol{\alpha}}^C_{1N} \\
\boldsymbol{\alpha}^T_{21} & \boldsymbol{\alpha}^T_{22} & \cdots & \boldsymbol{\alpha}^T_{2N} & \tilde{\boldsymbol{\alpha}}^C_{21} & \tilde{\boldsymbol{\alpha}}^C_{22} & \cdots & \tilde{\boldsymbol{\alpha}}^C_{2N} \\
\vdots & \vdots & & \vdots & \vdots & \vdots & & \vdots \\
\boldsymbol{\alpha}^T_{N1} & \boldsymbol{\alpha}^T_{N2} & \cdots & \boldsymbol{\alpha}^T_{NN} & \tilde{\boldsymbol{\alpha}}^C_{N1} & \tilde{\boldsymbol{\alpha}}^C_{N2} & \cdots & \tilde{\boldsymbol{\alpha}}^C_{NN} \\
\boldsymbol{\alpha}^C_{11} & \boldsymbol{\alpha}^C_{12} & \cdots & \boldsymbol{\alpha}^C_{1N} & \boldsymbol{\alpha}^R_{11} & \boldsymbol{\alpha}^R_{12} & \cdots & \boldsymbol{\alpha}^R_{1N} \\
\boldsymbol{\alpha}^C_{21} & \boldsymbol{\alpha}^C_{22} & \cdots & \boldsymbol{\alpha}^C_{2N} & \boldsymbol{\alpha}^R_{21} & \boldsymbol{\alpha}^R_{22} & \cdots & \boldsymbol{\alpha}^R_{2N} \\
\vdots & \vdots & & \vdots & \vdots & \vdots & & \vdots \\
\boldsymbol{\alpha}^C_{N1} & \boldsymbol{\alpha}^C_{N2} & \cdots & \boldsymbol{\alpha}^C_{NN} & \boldsymbol{\alpha}^R_{N1} & \boldsymbol{\alpha}^R_{N2} & \cdots & \boldsymbol{\alpha}^R_{NN}
\end{bmatrix}
\begin{bmatrix} \hat{\boldsymbol{F}}^B_1 \\ \hat{\boldsymbol{F}}^B_2 \\ \vdots \\ \hat{\boldsymbol{F}}^B_N \\ \hat{\boldsymbol{T}}^B_1 \\ \hat{\boldsymbol{T}}^B_2 \\ \vdots \\ \hat{\boldsymbol{T}}^B_N \end{bmatrix}
\tag{7.102}
$$

ここに，$I_i (i = 1, 2, \cdots, N)$ は粒子の慣性モーメントで，上式では球状粒子を念頭に置いているので各軸方向に対して一定であるが，一般的な形状の粒子の場合には2階のテンソル量となるので，この場合左辺をそのように書き換える必要がある．また，式(7.102)の右辺第1項の抵抗テンソルを小行列とする行列は先に説明した抵抗行列$\boldsymbol{R}$である．抵抗行列$\boldsymbol{R}$と拡散行列$\boldsymbol{D}$とが式(7.77)の関係を満たすことを考えると，最後の項の類似のテンソル$\boldsymbol{\alpha}^T_{ij}$,$\boldsymbol{\alpha}^C_{ij}$,$\tilde{\boldsymbol{\alpha}}^C_{ij}$,$\boldsymbol{\alpha}^R_{ij}$ $(i, j = 1, 2, \cdots, N)$を小行列とする行列を$\boldsymbol{\alpha}$とすれば，抵抗行列$\boldsymbol{R}$とは，式(7.91)と同様の次の関係式で結ばれる．

$$\boldsymbol{R} = \frac{1}{\eta kT}\boldsymbol{\alpha}\cdot\boldsymbol{\alpha}^t \tag{7.103}$$

ここに，上付き添字tは転置行列を表す．$\boldsymbol{\alpha}_{ij}^T,\boldsymbol{\alpha}_{ij}^R,\boldsymbol{\alpha}_{ij}^C,\tilde{\boldsymbol{\alpha}}_{ij}^C$は次の性質を有する．

$$\left.\begin{aligned}
\boldsymbol{\alpha}_{ij}^T &= (\boldsymbol{\alpha}_{ji}^T)^t \quad (i,j=1,2,\cdots,N)\\
\boldsymbol{\alpha}_{ij}^R &= (\boldsymbol{\alpha}_{ji}^R)^t \quad (i,j=1,2,\cdots,N)\\
\tilde{\boldsymbol{\alpha}}_{ij}^C &= (\boldsymbol{\alpha}_{ji}^C)^t \quad (i,j=1,2,\cdots,N)
\end{aligned}\right\} \tag{7.104}$$

上式は$\boldsymbol{\alpha}$が対称行列であることを意味している．さらに，ブラウン運動を作り出す項$\hat{\boldsymbol{F}}_i^B,\hat{\boldsymbol{T}}_i^B$は次の性質を有している．

$$\left.\begin{aligned}
\left\langle \hat{\boldsymbol{F}}_i^B(t)\hat{\boldsymbol{F}}_j^B(t')\right\rangle &= 2\delta_{ij}\delta(t-t')\boldsymbol{I}\\
\left\langle \hat{\boldsymbol{T}}_i^B(t)\hat{\boldsymbol{T}}_j^B(t')\right\rangle &= 2\delta_{ij}\delta(t-t')\boldsymbol{I}\\
\left\langle \hat{\boldsymbol{F}}_i^B(t)\hat{\boldsymbol{T}}_j^B(t')\right\rangle &= 0
\end{aligned}\right\} \tag{7.105}$$

したがって，回転ブラウン運動を含んだ Ermak-McCammon アルゴリズムの一般化したアルゴリズムが次のように書けることは容易に推察できる[9,10]．

$$\begin{aligned}
\boldsymbol{r}_i(t+\Delta t) &= \boldsymbol{r}_i(t) + \boldsymbol{U}(\boldsymbol{r}_i)\Delta t + \frac{\eta}{kT}\sum_{j=1}^{N}\boldsymbol{D}_{ij}^T(t)\cdot(\tilde{\boldsymbol{G}}_j'(t):\boldsymbol{E})\Delta t\\
&\quad + \frac{\eta}{kT}\sum_{j=1}^{N}\tilde{\boldsymbol{D}}_{ij}^C(t)\cdot(\tilde{\boldsymbol{H}}_j'(t):\boldsymbol{E})\Delta t + \frac{1}{kT}\sum_{j=1}^{N}\boldsymbol{D}_{ij}^T(t)\cdot\boldsymbol{F}_j^P(t)\Delta t\\
&\quad + \frac{1}{kT}\sum_{j=1}^{N}\tilde{\boldsymbol{D}}_{ij}^C(t)\cdot\boldsymbol{T}_j^P(t)\Delta t + \sum_{j=1}^{N}\frac{\partial}{\partial\boldsymbol{r}_j}\cdot\left(\boldsymbol{D}_{ij}^T(t)\right)\Delta t\\
&\quad + \Delta\boldsymbol{r}_i^B(t) \qquad\qquad (i=1,2,\cdots,N)
\end{aligned} \tag{7.106}$$

$$\boldsymbol{\phi}_i(t+\Delta t) = \boldsymbol{\phi}_i(t) + \boldsymbol{\Omega}\Delta t + \frac{\eta}{kT}\sum_{j=1}^{N}\boldsymbol{D}_{ij}^C(t)\cdot(\tilde{\boldsymbol{G}}_j'(t):\boldsymbol{E})\Delta t$$

$$
\begin{aligned}
&+\frac{\eta}{kT}\sum_{j=1}^{N}\boldsymbol{D}_{ij}^{R}(t)\cdot(\tilde{\boldsymbol{H}}_{j}'(t):\boldsymbol{E})\Delta t+\frac{1}{kT}\sum_{j=1}^{N}\boldsymbol{D}_{ij}^{C}(t)\cdot\boldsymbol{F}_{j}^{P}(t)\Delta t\\
&+\frac{1}{kT}\sum_{j=1}^{N}\boldsymbol{D}_{ij}^{R}(t)\cdot\boldsymbol{T}_{j}^{P}(t)\Delta t+\sum_{j=1}^{N}\frac{\partial}{\partial\boldsymbol{r}_{j}}\cdot\left(\boldsymbol{D}_{ij}^{C}(t)\right)\Delta t\\
&+\Delta\boldsymbol{\phi}_{i}^{B}(t) \qquad\qquad (i=1,2,\cdots,N) \qquad (7.107)
\end{aligned}
$$

球状粒子の場合，拡散テンソルは粒子の方向には依存しないので，上式においては方向角$\boldsymbol{\phi}_i$による偏微分項がゼロになるという事実を考慮した．また，ブラウン運動による変位$\Delta\boldsymbol{r}_i^B$,$\Delta\boldsymbol{\phi}_i^B$は次の関係式を満足する．

$$
\left.
\begin{array}{lll}
\langle\Delta\boldsymbol{r}_i^B(t)\rangle=0 & , & \langle(\Delta\boldsymbol{r}_i^B(t))(\Delta\boldsymbol{r}_j^B(t))\rangle=2\boldsymbol{D}_{ij}^{T}(t)\Delta t\\
\left\langle\Delta\boldsymbol{\phi}_i^B(t)\right\rangle=0 & , & \left\langle(\Delta\boldsymbol{\phi}_i^B(t))(\Delta\boldsymbol{\phi}_j^B(t))\right\rangle=2\boldsymbol{D}_{ij}^{R}(t)\Delta t\\
 & & \left\langle(\Delta\boldsymbol{r}_i^B(t))(\Delta\boldsymbol{\phi}_j^B(t))\right\rangle=2\tilde{\boldsymbol{D}}_{ij}^{C}(t)\Delta t
\end{array}
\right\} \qquad (7.108)
$$

式 (7.106),(7.107),(7.108) を用いた方法が，回転ブラウン運動を考慮したErmak-McCammon アルゴリズムである．したがって，式 (7.108) の関係に従って乱数を用いて変位$\Delta\boldsymbol{r}_i^B$と$\Delta\boldsymbol{\phi}_i^B$を決定すれば，次の時間ステップでの粒子位置と粒子の向きを求めることができる．ランダム変数同士が式 (7.108) のような関係が存在する場合，前節と同様にこれらの変数は多変量正規分布に従うことになる．これらの確率変数の発生法に関しては付録 A4 を参照されたい．

式 (7.106) と (7.107) および (A4.16) からわかるように，ランダム変位$\Delta\boldsymbol{r}_i^B$, $\Delta\boldsymbol{\phi}_i^B$ $(i=1,2,\cdots,N)$ の発生に際して，計算機はかなりの量の計算をしなければならない．また，拡散行列および式 (A4.16) の L_{ij}の成分も変数に格納しなければならず，拡散行列および拡散テンソルの対称性を考慮しても，かなりの量のメモリーを必要とする．したがって，一般にブラウン動力学シミュレーションの場合は，ストークス動力学シミュレーションと比較して，かなりの小さな系を対象とせざるを得ない事情がある．

7.5 無次元化法

第6.3節と同様に単純せん断流を対象とした球状粒子系を考える．第6.3節で示した代表値や抵抗テンソルおよび移動度テンソルの無次元化法はブラウン動力学シミュレーションに際してそのまま有効である．ただし，ブラウン動力学法の場合，温度Tがブラウン運動を特徴づけるパラメータとして方程式に入っているので，せん断応力に基づいた粘性力とブラウン運動の程度を表すランダム力との比が無次元数として現れる．この無次元数はペクレ数 (Péclet number) と呼ばれており，通常Peの記号で表され，次のように定義される．

$$Pe = 6\pi a^3 \eta \dot{\gamma} / kT \tag{7.109}$$

なお，この無次元数は式 (7.97) もしくは (7.106) を無次元化すれば容易に得ることができる．ゆえに，$Pe \gg 1$のときブラウン運動の影響が無視でき，逆に$Pe \ll 1$のとき，コロイド分散系の単純せん断流中での挙動はブラウン運動によって支配されることがわかる．

拡散テンソル$\boldsymbol{D}_{ij}^{T}$,$\boldsymbol{D}_{ij}^{R}$,$\boldsymbol{D}_{ij}^{C}$の無次元化法は次のとおりである．

$$\boldsymbol{D}_{ij}^{T*} = \frac{6\pi a \eta}{kT}\boldsymbol{D}_{ij}^{T}\,, \quad \boldsymbol{D}_{ij}^{R*} = \frac{8\pi a^3 \eta}{kT}\boldsymbol{D}_{ij}^{R}\,, \quad \boldsymbol{D}_{ij}^{C*} = \frac{4\pi a^2 \eta}{kT}\boldsymbol{D}_{ij}^{C} \tag{7.110}$$

ここに，上付き添字*が付いた量が無次元化された量である．上式は$j = i$としても成り立つものである．

文　献

1) S. Chandrasekhar, "Stochastic Problems in Physics and Astronomy", Rev. Mod. Phys., 15(1943), 1.
2) 中川正雄・真壁利明, "確率過程", 54, 培風館 (1987).
3) G. Bossis, et al., "Brownian Dynamics and the Fluctuation-Dissipation Theorem", Molec. Phys., 45(1982), 191.
4) L.G. Nilsson and J.A. Padro, "A Time-Saving Algorithm for Generalized Langevin-Dynamics Simulations with Arbitrary Memory Kernels", Molec. Phys., 71(1990), 355.

5) D.L. Ermak and H. Buckholtz, "Numerical Integration of the Langevin Equation: Monte Carlo Simulation", J. Comput. Phys., 35(1980), 169.
6) J.M Deutch and I. Oppenheim, "Molecular Theory of Brownian Motion for Several Particles", J.Chem.Phys., 54(1971), 3547.
7) D.L. Ermak and J.A. McCammon, "Brownian Dynamics with Hydrodynamic Interactions", J. Chem. Phys., 69(1978), 1352.
8) R.J.A. Tough, et al., "Stochastic Descriptions of the Dynamics of Interacting Brownian Particles", Molec. Phys., 59(1986), 595.
9) E. Dickinson, "Brownian Dynamics with Hydrodynamic Interactions: The Application to Protein Diffusional Problems", Chem. Soc. Rev., 14(1985), 421.
10) G. Bossis and J.F. Brady, "Self-Diffusion of Brownian Particles in Concentrated Suspensions under Shear", J. Chem. Phys., 87(1987), 5437.

8
シミュレーションで評価可能なコロイド分散系の特性

8.1　内　部　構　造

コロイド分散系の内部構造を調べるには，市販ソフトなどで可視化した情報や2体相関関数などの数式を基にしたより定量的比較がしやすい方法などがある．

2体相関関数は，ある粒子のまわりに他の粒子がどのような状態で存在するかを示すものである．例えば，希薄気体のような内部構造を有さない状態の場合には，2体相関関数もしくは動径分布関数は粒子間距離に対して一定値を取り，逆に固体のような規則的な分子配置を取る状態に対しては，分子が存在するところで2体相関関数は大きな値を取るが，分子が存在しにくいところではゼロに近い値を取る．すなわち，固体の場合，2体相関関数はデルタ関数的な特徴を有する．

熱力学的平衡状態の場合に加えて，コロイド分散系の内部構造の時間変化を調べる場合でも，2体相関関数は非常に有用である．例えば，ある時間間隔ごとに中間平均を取ることにより，この中間平均された2体相関関数の時間変化を通して，コロイド粒子の凝集構造の変化を検討することが可能である．

なお，2体相関関数の定義式やシミュレーションでの実際の評価法は，第1巻の「モンテカルロ・シミュレーション」で詳細に論じているので，ここで改めて説明することはしない．興味ある読者はそちらを参照されたい．

8.2　レ　オ　ロ　ジ　ー

コロイド分散系の応力は，母液による寄与と粒子の存在による寄与の和から構成される．いま粒子 i がまわりの流体に力 $\boldsymbol{F}_i$ を及ぼしているとすると，微視的レベルでの応力 $\boldsymbol{\tau}$ は力と次の関係にある．

$$\Delta\cdot\boldsymbol{\tau}=-\sum_{i=1}^{N}\boldsymbol{F}_i\delta(\boldsymbol{r}-\boldsymbol{r}_i) \tag{8.1}$$

ここで，粒子 i の体積の領域を V_i, 粒子表面の領域を A_i とすれば，ディラックのデルタ関数の性質より次式が得られる．

$$\int_{V_i}\nabla\cdot\boldsymbol{\tau}\,dV=\int_{A_i}\boldsymbol{n}\cdot\boldsymbol{\tau}\,dA=-\boldsymbol{F}_i \tag{8.2}$$

ここに，$\boldsymbol{n}$ は粒子表面に垂直な外向きの単位ベクトルである．もし粒子外部の流体領域ならば，ストークス近似の範囲内では $\nabla\cdot\boldsymbol{\tau}=0$ となる．

コロイド分散系の見掛け応力 (apparent stress)$\boldsymbol{\tau}^{eff}$ は，$\boldsymbol{\tau}$ の集団平均もしくは一様分散系の場合体積平均より得られる．すなわち，

$$\boldsymbol{\tau}^{eff}=\frac{1}{V}\int_{V}\boldsymbol{\tau}\,dV=\frac{1}{V}\int_{V-\sum_i V_i}\boldsymbol{\tau}\,dV+\frac{1}{V}\int_{\sum_i V_i}\boldsymbol{\tau}\,dV \tag{8.3}$$

上式において，積分領域を粒子内部と流体部に分けて考えることにより，右辺の二つの項が生じる．さて，式 (8.3) の第 1 項は式 (2.13) の応力テンソルの式を考慮すると，次のように変形できる．

$$\begin{aligned}\frac{1}{V}\int_{V-\sum_i V_i}\boldsymbol{\tau}\,dV&=\frac{1}{V}\int_{V}\boldsymbol{\tau}\,dV-\frac{1}{V}\sum_{i=1}^{N}\int_{V_i}\boldsymbol{\tau}\,dV\\&=2\eta\boldsymbol{E}-\frac{\eta}{V}\sum_i\int_{V_i}\left\{\nabla\boldsymbol{u}+(\nabla\boldsymbol{u})^t\right\}dV\\&=2\eta\boldsymbol{E}-\frac{\eta}{V}\sum_i\int_{A_i}(\boldsymbol{nu}+\boldsymbol{un})\,dA\end{aligned} \tag{8.4}$$

ただし，圧力の項は重要な役割を果たさないので省略してある．また，以上の変形では付録 A1 で示した発散定理が用いられている．

次に式 (8.3) の右辺第 2 項を考える．粒子内部の応力は未定であるが，粒子表面の面積分の形に変形できれば，評価可能となる．$\boldsymbol{\tau} = \nabla \cdot (\boldsymbol{\tau}^t \boldsymbol{r}) - (\nabla \cdot \boldsymbol{\tau}^t)\boldsymbol{r}$ なる関係式を用いると，次のように変形できる[1]．

$$\begin{aligned}
\frac{1}{V}\int_{\sum_i V_i} \boldsymbol{\tau}\, dV &= \frac{1}{V}\sum_{i=1}^{N}\int_{V_i}\left\{\nabla \cdot (\boldsymbol{\tau}^t \boldsymbol{r}) - (\nabla \cdot \boldsymbol{\tau}^t)\boldsymbol{r}\right\} dV \\
&= \frac{1}{V}\sum_{i=1}^{N}\int_{A_i}(\boldsymbol{n} \cdot \boldsymbol{\tau}^t)\boldsymbol{r}\, dA - \frac{1}{V}\sum_{i=1}^{N}\int_{V_i}(\nabla \cdot \boldsymbol{\tau}^t)\boldsymbol{r}\, dV
\end{aligned} \tag{8.5}$$

母液がニュートン流体の場合$\boldsymbol{\tau}$は対称テンソルなので，この式の右辺第 1 項は，式 (2.18) に本質的に一致し，第 2 項は式 (8.1) を考慮すると，力$\boldsymbol{F}_i$に起因する項であることがわかる．

以上をまとめて，$\boldsymbol{\tau}^{eff}$の最終的な表式を示すと次のようになる[2,3]．

$$\boldsymbol{\tau}^{eff} = -p^{eff}\boldsymbol{I} + 2\eta\boldsymbol{E} - \frac{1}{V}\sum_{i=1}^{N}\boldsymbol{S}_i - \frac{1}{V}\sum_{i=1}^{N}\boldsymbol{r}_i\boldsymbol{F}_i - \frac{1}{2V}\sum_{i=1}^{N}\boldsymbol{\varepsilon} \cdot \boldsymbol{T}_i \tag{8.6}$$

ここに，右辺第 1 項の見掛け圧力 p^{eff} には粒子のブラウン運動による寄与が含まれており，第 2 項は流体自身による項，第 3 項は応力極による寄与，第 5 項は粒子の回転運動による寄与の項である．さらに，第 4 項は粒子間の相互作用による寄与であるが，第 2 巻「分子動力学シミュレーション」で示した分子系の粘度の表式と類似の形になっている．

もし粒子間相互作用が無視できるほど希釈で，トルクが作用していない状態を考えると，半径 a の球状粒子がまわりの流体に作用する応力極$\boldsymbol{S}$は，式 (3.6),(3.7),(3.18) より，次のように得られる．

$$\boldsymbol{S} = -\frac{20}{3}\pi\eta a^3\boldsymbol{E} \tag{8.7}$$

この式の導出に際して，母液が非圧縮性であること，ならびに$\boldsymbol{E}$が対称テンソルであることを考慮した．この結果を用いて，式 (8.6) の第 3 項の寄与を求めると，粒子の体積分率を$\phi_v(=(4/3)\pi a^3 N/V)$とすれば，次のように得られる．

$$-\frac{1}{V}\sum_{i=1}^{N}\boldsymbol{S}_i=\frac{20}{3}\cdot\frac{N}{V}\pi\eta a^3\boldsymbol{E}=5\eta\phi_v\boldsymbol{E} \tag{8.8}$$

この項が式(2.16)の第2項を与えることがわかる．

さて次にコロイド分散系のレオロジー特性(rheological properties)を調べるための一般的なことを述べる．コロイド分散系を対象としたミクロ・シミュレーションの場合，単純せん断流が非常に有用である．図6.1に示すようなx軸方向に流れるずり速度$\dot{\gamma}$の単純せん断流を考えると，コロイド分散系の見掛け粘度(apparent viscosity)η^{eff}は式(8.6)で示した見掛け応力の式から次のように定義される．

$$\eta_{yx}^{eff}=\tau_{yx}^{eff}/\dot{\gamma} \tag{8.9}$$

この式の下付き添字は，y軸に垂直な平面を対象としたx軸方向の粘度もしくは応力を意味する．この見掛け粘度η_{yx}^{eff}は一般にずり速度$\dot{\gamma}$の関数である．もし，磁性流体やER流体とは異なり，外場に対して反応しなければ，次式が成り立つ．

$$\eta_{yx}^{eff}=\eta_{xy}^{eff} \tag{8.10}$$

コロイド分散系の弾性に起因する特性は次に示す垂直応力差によって評価できる．

$$\left.\begin{aligned}\tau_{xx}^{eff}-\tau_{yy}^{eff}&=\Psi_1\dot{\gamma}_{yx}^2\\ \tau_{yy}^{eff}-\tau_{zz}^{eff}&=\Psi_2\dot{\gamma}_{yx}^2\end{aligned}\right\} \tag{8.11}$$

Ψ_1,Ψ_2はそれぞれ第1垂直応力係数(primary normal stress coefficient)，第2垂直応力係数(secondary normal stress coefficient)と呼ばれている．以上の見掛け粘度η_{yx}^{eff}および二つの垂直応力係数によって，コロイド分散系のレオロジー特性を評価することが可能となる．

単純せん断流に次いで有用な流れ場として，微小振幅で振動する時間依存型せん断流がある．図8.1のような微小振幅$\dot{\gamma}_0$の振動流を考えると，流れ場は次

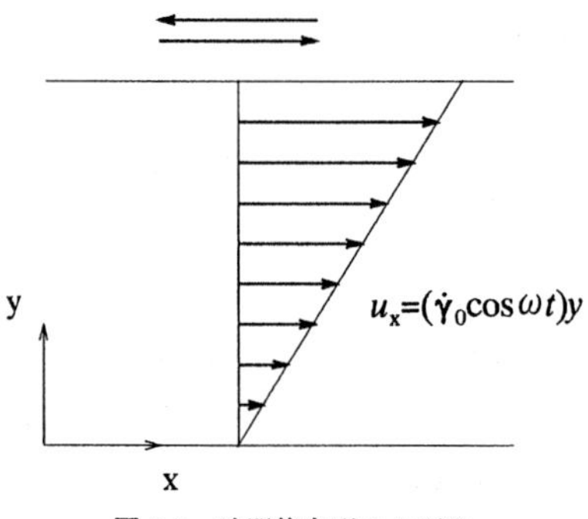

図 8.1　時間依存型せん断流

のように書ける．

$$u_x = (\dot{\gamma}_0 \cos \omega t) y \tag{8.12}$$

応力 τ_{yx}^{eff} は流れ場と同位相とは限らないので，次のように表すことにする．

$$\tau_{yx}^{eff} = \eta'_{yx} \dot{\gamma}_0 \cos \omega t + \eta''_{yx} \dot{\gamma}_0 \sin \omega t \tag{8.13}$$

ここに，η' と η'' は振動流の角速度 ω の関数である．式 (8.13) は次式の記号を用いると，

$$\left.\begin{aligned} \tau_0^{eff} &= \sqrt{\eta'^2_{yx} + \eta''^2_{yx}}\ \dot{\gamma}_0 \\ \phi &= \tan^{-1}(\eta''_{yx}/\eta'_{yx}) \qquad (0 \le \phi \le \pi/2) \end{aligned}\right\} \tag{8.14}$$

次のようにも書ける．

$$\tau_{yx}^{eff} = \tau_0^{eff} \cos(\omega t - \phi) \tag{8.15}$$

したがって，η'_{yx} と η''_{yx} は応力の大きさと位相差の情報を有することがわかる．もし $\omega \to 0$ ならば，$\eta''_{yx} \to 0$ となり，η'_{yx} は単純せん断流の粘度と一致する．式 (8.13) からわかるように，η''_{yx} は流れ場に対して 90° 位相が異なる成分 (ひずみに対しては同位相) である．垂直応力係数についても，単純せん断流と類似の定義式で表すことができるが[4]，ここでは省略する．

文　　献

1) S. Kim and S.J. Karrila, "Microhydrodynamics: Principles and Selected Applications", Butterworth-Heinemann, Stoneham (1991).
2) J.F. Brady, et al., "Dynamic Simulation of Hydrodynamically Interacting Suspensions", J. Fluid Mech., 195(1988), 257.
3) J.F. Brady, "The Rheological Behavior of Concentrated Colloidal Dispersions", J. Chem. Phys., 99(1993), 567.
4) R.B. Bird, et al., "Dynamics of Polymeric Liquids, Vol.1, Fluid Mechanics", John Wiley & Sons, New York (1977).

9

ストークス動力学法とブラウン動力学法の適用例

この章では，コロイド分散系のミクロ・シミュレーションをより深く理解するために，著者らが現在行っている強磁性コロイド分散系に対するストークス動力学シミュレーションとブラウン動力学シミュレーションについて検討する．どちらの場合も，用いた流れ場は図 6.1 に示した x 軸方向に流れる単純せん断流である．また，磁場は y軸方向に印加されているものとする．

9.1　ストークス動力学シミュレーション

粒子がミクロン・オーダーより小さくても，印加磁場が非常に強く，かつ，粒子間磁気力がブラウン運動よりも支配的なほど強ければ，粒子の並進および回転のブラウン運動は近似的に無視できる．本節では，このような状況における強磁性微粒子からなる系のストークス動力学シミュレーションについて説明する．

9.1.1　モデル分散系

モデル分散系として，中心に磁気双極子を有する球状粒子から構成される分散系を考える．粒子モデルを図 9.1 に示す．磁性流体は粒子のまわりに界面活性剤分子を被覆することによって，粒子の沈降・凝集を防ぐようになっているが，このことを考慮するために，粒子表面には厚さ一様の界面活性剤層が存在する粒子モデルを用いる．

同一径を有するこのような粒子 i,j間の磁気的な相互作用のエネルギー $u_{ij}^{(m)}$ は，粒子の磁気モーメントを$\boldsymbol{m}_i, \boldsymbol{m}_j$で表せば，次のように書ける．

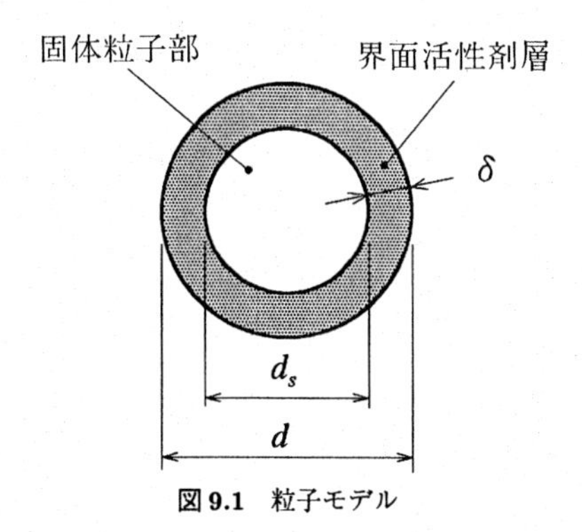

図 9.1 粒子モデル

$$u_{ij}^{(m)} = \frac{\mu_o}{4\pi r_{ij}^3}\left\{\boldsymbol{m}_i \cdot \boldsymbol{m}_j - \frac{3}{r_{ij}^2}(\boldsymbol{m}_i \cdot \boldsymbol{r}_{ij})(\boldsymbol{m}_j \cdot \boldsymbol{r}_{ij})\right\} \tag{9.1}$$

ここに，$\boldsymbol{r}_{ij}$は粒子i, j間を結ぶベクトルで$\boldsymbol{r}_{ij} = \boldsymbol{r}_i - \boldsymbol{r}_j$ $(r_{ij} = |\boldsymbol{r}_{ij}|)$,$\mu_0$は真空の透磁率である．粒子$i$と印加磁場$\boldsymbol{H}(H = |\boldsymbol{H}|)$との相互作用のエネルギー$u_i^{(H)}$は次のようになる．

$$u_i^{(H)} = -\mu_0 \boldsymbol{m}_i \cdot \boldsymbol{H} \tag{9.2}$$

以上の他に，界面活性剤層の重畳に起因する粒子間斥力が発生するが，この場合の粒子同士の相互作用のエネルギー$u_{ij}^{(V)}$は，Rosensweig ら[1)]によれば，次のように表される．

$$u_{ij}^{(V)} = \frac{\pi d_s^2 n_s kT}{2}\left\{2 - \left(\frac{r_{ij}}{\delta}\right)\ln\left(\frac{d}{r_{ij}}\right) - \frac{r_{ij} - (d - 2\delta)}{\delta}\right\} \tag{9.3}$$

ここに，n_sは粒子表面の単位面積当たりの界面活性剤分子の数，d_sは図 9.1 に示すように粒子固体部の直径，δは界面活性剤層の厚さ，kはボルツマン定数，Tは温度である．

$u_{ij}^{(m)}$,$u_i^{(H)}$,$u_{ij}^{(V)}$を熱エネルギーkTで無次元化すると次のようになる．

$$u_{ij}^{(m)*} = u_{ij}^{(m)}/kT = \lambda\left(\frac{d_s}{r_{ij}}\right)^3\{\boldsymbol{n}_i \cdot \boldsymbol{n}_j - 3(\boldsymbol{n}_i \cdot \boldsymbol{t}_{ij})(\boldsymbol{n}_j \cdot \boldsymbol{t}_{ij})\} \tag{9.4}$$

$$u_i^{(H)*} = u_i^{(H)}/kT = -\xi \boldsymbol{n}_i \cdot \boldsymbol{h} \tag{9.5}$$

$$u_{ij}^{(V)*} = u_{ij}^{(V)}/kT = \lambda_V \left\{ 2 - \frac{2r_{ij}/d_s}{t_\delta} \ln\left(\frac{d}{r_{ij}}\right) - 2\frac{r_{ij}/d_s - 1}{t_\delta} \right\} \quad (9.6)$$

ここに，$\boldsymbol{n}_i, \boldsymbol{n}_j$は磁気モーメントの方向を表す単位ベクトルで，例えば$\boldsymbol{n}_i = \boldsymbol{m}_i/m \ (m = |\boldsymbol{m}_i|)$, $\boldsymbol{t}_{ij} = (\boldsymbol{r}_i - \boldsymbol{r}_j)/|\boldsymbol{r}_i - \boldsymbol{r}_j|$, $\boldsymbol{h} = \boldsymbol{H}/H$, t_δは粒子個体部の半径と界面活性剤層の厚さδとの比で，$t_\delta = 2\delta/d_s$である．また，λ, ξ, λ_Vは相互作用の大きさを表す無次元パラメータであり，次のように書ける．

$$\lambda = \frac{\mu_0 m^2}{4\pi d_s^3 kT}, \quad \xi = \frac{\mu_0 m H}{kT}, \quad \lambda_V = \frac{\pi d_s^2 n_s}{2} \quad (9.7)$$

次に粒子に作用する力およびトルクの式を示す．粒子iとjの磁気的な相互作用に基づいた粒子jが粒子iに作用する力を$\boldsymbol{F}_{ij}^{(m)}$とすれば，力学の公式に従って，式(9.1)より次のように導出できる．

$$\begin{aligned}
\boldsymbol{F}_{ij}^{(m)} &= -\frac{\partial}{\partial \boldsymbol{r}_i} u_{ij}^{(m)} = -\frac{\partial}{\partial \boldsymbol{r}_{ij}} u_{ij}^{(m)} \\
&= -\frac{3\mu_0}{4\pi} \cdot \frac{1}{r_{ij}^4} \left[-(\boldsymbol{m}_i \cdot \boldsymbol{m}_j)\frac{\boldsymbol{r}_{ij}}{r_{ij}} + 5(\boldsymbol{m}_i \cdot \boldsymbol{r}_{ij})(\boldsymbol{m}_j \cdot \boldsymbol{r}_{ij})\frac{\boldsymbol{r}_{ij}}{r_{ij}^3} \right. \\
&\qquad \left. - \{(\boldsymbol{m}_j \cdot \boldsymbol{r}_{ij})\boldsymbol{m}_i + (\boldsymbol{m}_i \cdot \boldsymbol{r}_{ij})\boldsymbol{m}_j\} \frac{1}{r_{ij}} \right] \\
&= -\frac{3\mu_0 m^2}{4\pi d^4} \cdot \frac{1}{(r_{ij}/d)^4} \left[-(\boldsymbol{n}_i \cdot \boldsymbol{n}_j)\boldsymbol{t}_{ij} + 5(\boldsymbol{n}_i \cdot \boldsymbol{t}_{ij})(\boldsymbol{n}_j \cdot \boldsymbol{t}_{ij})\boldsymbol{t}_{ij} \right. \\
&\qquad \left. - \{(\boldsymbol{n}_j \cdot \boldsymbol{t}_{ij})\boldsymbol{n}_i + (\boldsymbol{n}_i \cdot \boldsymbol{t}_{ij})\boldsymbol{n}_j\} \right]
\end{aligned} \quad (9.8)$$

さらに，粒子jが磁気的な相互作用によって粒子iに作用するトルク$\boldsymbol{T}_{ij}^{(m)}$は，粒子$j$の磁気双極子が粒子$i$の位置に作る磁場を$\boldsymbol{H}_{ij}$とすれば，次のように書ける．

$$\begin{aligned}
\boldsymbol{T}_{ij}^{(m)} &= \mu_0 \boldsymbol{m}_i \times \boldsymbol{H}_{ij} \\
&= -\frac{\mu_0}{4\pi} \cdot \frac{1}{r_{ij}^3} \left\{ \boldsymbol{m}_i \times \boldsymbol{m}_j - \frac{3}{r_{ij}^2}(\boldsymbol{m}_j \cdot \boldsymbol{r}_{ij})\boldsymbol{m}_i \times \boldsymbol{r}_{ij} \right\} \\
&= -\frac{\mu_0 m^2}{4\pi d^3} \cdot \frac{1}{(r_{ij}/d)^3} \{ \boldsymbol{n}_i \times \boldsymbol{n}_j - 3(\boldsymbol{n}_j \cdot \boldsymbol{t}_{ij})\boldsymbol{n}_i \times \boldsymbol{t}_{ij} \}
\end{aligned} \quad (9.9)$$

同様にして，磁気モーメントが印加磁場の方向からずれることによって生じるトルク$\boldsymbol{T}_i^{(H)}$は，次のようになる．

$$\boldsymbol{T}_i^{(H)} = \mu_0 \boldsymbol{m}_i \times \boldsymbol{H} = \mu_0 m H \boldsymbol{n}_i \times \boldsymbol{h} \tag{9.10}$$

最後に，粒子jとの界面活性剤の重なりにより，粒子iに生じる斥力$\boldsymbol{F}_{ij}^{(V)}$は，式(9.8)を導出したのと同様の手順により，次のようになる．

$$\begin{aligned}\boldsymbol{F}_{ij}^{(V)} &= -\frac{\partial}{\partial \boldsymbol{r}_i} u_{ij}^{(V)} = -\frac{\partial}{\partial \boldsymbol{r}_{ij}} u_{ij}^{(V)} \\ &= kT\lambda_V \frac{1}{\delta} \cdot \frac{\boldsymbol{r}_{ij}}{r_{ij}} \ln\left(\frac{d}{r_{ij}}\right) \\ &= kT\lambda_V \frac{1}{\delta} \cdot \boldsymbol{t}_{ij} \ln\left(\frac{d}{r_{ij}}\right) \qquad (d_s \le r_{ij} \le d)\end{aligned} \tag{9.11}$$

界面活性剤による相互作用は粒子間距離のみに依存する量なので，この相互作用によるトルクは発生しない．

以上をまとめると，任意の粒子iに作用する力は粒子間の磁気的な相互作用に基づく力$\boldsymbol{F}_{ij}^{(m)}$(式(9.8))と界面活性剤による斥力$\boldsymbol{F}_{ij}^{(V)}$(式(9.11))であり，トルクは印加磁場によるトルク$\boldsymbol{T}_i^{(H)}$(式(9.10)と粒子間の磁気的な相互作用によるトルク$\boldsymbol{T}_{ij}^{(m)}$(式(9.9))が作用することになる．なお，以上に挙げた力の他に，van der Waals 力などが考えられるが，界面活性剤が被覆されている場合，この力はあまり重要な役割を演じないので，ここでは考慮しない．

9.1.2 速度加算近似

本研究では，粒子の凝集構造に及ぼす流れ場の影響を検討することにあるので，より大きな系を対象とすることが望ましい．したがって，ここでは速度加算近似を用いて多体流体力学的相互作用を考慮することにする．対象とする流れ場は，先に述べたように，図6.1に示したx軸方向に流れる単純せん断流である．

この場合の粒子iの速度$\boldsymbol{v}_i$と角速度$\boldsymbol{\omega}_i$は，第6.2節で導いた結果がそのまま適用でき，式(6.13)および(6.14)で与えられる．ただし，それらの式における

粒子 i に作用する力$\boldsymbol{F}_i$とトルク$\boldsymbol{T}_i$ $(i = 1, 2, \cdots, N)$ は次のようになる．

$$\boldsymbol{F}_i = \sum_{\substack{j=1 \\ (j \neq i)}}^{N} \left(\boldsymbol{F}_{ij}^{(m)} + \boldsymbol{F}_{ij}^{(V)} \right) \tag{9.12}$$

$$\boldsymbol{T}_i = \sum_{\substack{j=1 \\ (j \neq i)}}^{N} \boldsymbol{T}_{ij}^{(m)} + \boldsymbol{T}_i^{(H)} \tag{9.13}$$

また，粒子半径 a は，第 9.1.1 項で示した粒子モデルの界面活性剤を含めた粒子の半径で，$a = d/2$ である．移動度テンソル$\boldsymbol{a}_{ii}$,$\boldsymbol{a}_{ij}$などは，直径 $d(= 2a)$ の固体粒子に対する値を本研究では用いている．本研究で採用している粒子モデルのような，表面が変形する粒子に関する移動度テンソルは，現在でも求まっていないので，このような近似を用いた次第である．したがって，この移動度テンソルの値を用いるに際して，界面活性剤が重なり始めたら，粒子同士の流体力学的相互作用をゼロと見なす処理を施している．このような処理をしても，凝集構造に対して大きな影響を与えないと予測される．なぜなら，粒子同士が重なる状態においては，潤滑効果よりも界面活性剤層の重畳による粒子間斥力が，支配的な影響を与えると予期されるからである．

9.1.3　流れ場を特徴づける無次元数

第 6.3 節で示した無次元化法に従って諸量を無次元化すると，無次元速度$\boldsymbol{v}_i^*$および無次元角速度$\boldsymbol{\omega}_i^*$は，式 (6.28) および (6.29) がそのまま適用できる．ただし，粒子 i の無次元力$\boldsymbol{F}_i^*$および無次元トルク$\boldsymbol{T}_i^*$ $(i = 1, 2, \cdots, N)$ は次のようになる．

$$\boldsymbol{F}_i^* = \sum_{\substack{j=1 \\ (j \neq i)}}^{N} \left(\boldsymbol{F}_{ij}^{(m)*} + \boldsymbol{F}_{ij}^{(V)*} \right) \tag{9.14}$$

$$\boldsymbol{T}_i^* = \sum_{\substack{j=1 \\ (j \neq i)}}^{N} \boldsymbol{T}_{ij}^{(m)*} + \boldsymbol{T}_i^{(H)*} \tag{9.15}$$

ここに，

$$\boldsymbol{F}_{ij}^{(m)*} = -R_m \frac{8}{r_{ij}^{*4}} \Big[-(\boldsymbol{n}_i \cdot \boldsymbol{n}_j)\boldsymbol{t}_{ij} + 5(\boldsymbol{n}_i \cdot \boldsymbol{t}_{ij})(\boldsymbol{n}_j \cdot \boldsymbol{t}_{ij})\boldsymbol{t}_{ij} - \{(\boldsymbol{n}_j \cdot \boldsymbol{t}_{ij})\boldsymbol{n}_i + (\boldsymbol{n}_i \cdot \boldsymbol{t}_{ij})\boldsymbol{n}_j\} \Big] \tag{9.16}$$

$$\boldsymbol{F}_{ij}^{(V)*} = R_V \boldsymbol{t}_{ij} \ln\left(\frac{2}{r_{ij}^*}\right) \qquad (2/(1+t_\delta) \le r_{ij}^* \le 2) \tag{9.17}$$

$$\boldsymbol{T}_{ij}^{(m)*} = -R_m \frac{2}{r_{ij}^{*3}} \Big\{ \boldsymbol{n}_i \times \boldsymbol{n}_j - 3(\boldsymbol{n}_j \cdot \boldsymbol{t}_{ij})\boldsymbol{n}_i \times \boldsymbol{t}_{ij} \Big\} \tag{9.18}$$

$$\boldsymbol{T}_{i}^{(H)*} = R_H \boldsymbol{n}_i \times \boldsymbol{h} \tag{9.19}$$

以上の式に現れた無次元数 R_m,R_H,R_Vは，せん断流に基づく粘性力によって力およびトルクを無次元化するために生じるものであり，次のとおりである．

$$R_m = \frac{\mu_0 m^2}{64\pi^2 \eta a^6 \dot{\gamma}} \tag{9.20}$$

$$R_H = \frac{\mu_0 m H}{8\pi \eta a^3 \dot{\gamma}} \tag{9.21}$$

$$R_V = \frac{kT\lambda_V}{6\pi \eta a^2 \dot{\gamma} \delta} \tag{9.22}$$

R_mは粘性力に基づくせん断力に対する磁気的な粒子間力の大きさを表す無次元数，R_Hはせん断力に基づいたトルクに対する印加磁場に基づいたトルクの大きさを表す無次元数，R_Vはせん断力に対する界面活性剤に基づく斥力の大きさを表す無次元数である．もう少し直接的に言えば，R_mは粒子間磁気力の大きさ，R_Hは印加磁場の強さ，R_Vは界面活性剤による斥力の大きさを表すことになる．

第 6.3 節の最後で言及したように，無次元ずり速度$\dot{\gamma}^*$は必ず$\dot{\gamma}^* = 1$となり，せん断流の強弱を無次元のずり速度で表すことはできない．そこで，粒子の磁気的性質，印加磁場の強さ，ならびに粒子間斥力の性質を一定に保ちながら，いろいろな強さのせん断流をシミュレートするには，次のような無次元数の比を一定にすればよい．

$$R_H/R_m = \frac{\pi d^3 H}{m} = \frac{\pi d^3 kT}{\mu_0 m^2} \cdot \frac{\mu_0 m H}{kT} = \frac{(1+t_\delta)^3}{4} \cdot \frac{\xi}{\lambda} \tag{9.23}$$

$$R_V/R_m = \frac{2\pi d^4 kT\lambda_V}{3\mu_0 m^2\delta} = \frac{4\pi d^3 kT}{3\mu_0 m^2}\cdot\frac{\lambda_V}{2\delta/d} = \frac{(1+t_\delta)^4}{3t_\delta}\cdot\frac{\lambda_V}{\lambda} \quad (9.24)$$

ここに，λ, ξ, λ_Vは式 (9.7) に示したとおりである．式 (9.23),(9.24) から明らかなように，$R_H/R_m, R_V/R_m$は粒子の性質のみに依存し，ずり速度や粘度などの流れ場の性質には無関係である．すなわち，粒子の磁気的性質などを規定すると，式 (9.23) と (9.24) の値は，どのようなずり速度の値に対しても一定となる．ゆえに，R_H/R_mと R_V/R_mの値を与えて，その値に対して R_mの値を $0 \sim \infty$ と取れば，ずり速度$\dot{\gamma}$が $\infty \sim 0$ のせん断流に対するシミュレーションを行うことができる．

9.1.4 シミュレーションのための諸パラメータ

シミュレーションを行うに際して設定したパラメータの値は次に示すとおりである．モンテカルロ・シミュレーションの結果との比較を行うために，$\lambda = 5, 9, 20$ に対する R_V/R_mの値を用いた．すなわち，式 (9.24) より，$R_V/R_m = 95.2, 52.89, 23.8$ と設定した．ただし，界面活性剤による斥力の性質として，$\lambda_V = 150, t_\delta = 0.3$ と置いている．この場合のポテンシャル曲線を図 9.2 に示す．図中 s は固体粒子表面間の距離である．$\lambda = 5$ の場合，ポテンシャル曲線の最小値が約 $5kT$，$\lambda = 9$ の場合約 $9kT$，$\lambda = 20$ の場合約 $20kT$である．したがって，モンテカルロ・シミュレーションの結果から，ずり速度が小さい場合には，$R_V/R_m = 52.89$ のとき磁場方向に沿って太い鎖状クラスタが形成されることが予測できる．R_H/R_mの値は，強磁場の場合を考えて，$\lambda = 5$ に対する$\xi = 30$ の値を用いて，$R_H/R_m = 3.3$ の一通りの場合を設定した．粒子の数密度は $n^*(= na^3) = 0.01$, 粒子数は $N = 1000$ とし，この場合の立方体のシミュレーション領域の一辺の長さ L^*は $L^*(= L/a) = 46.42$ となる．粒子間力のカットオフ距離は $r^*_{coff}(= r_{coff}/a) = 16$ の値を用いた．ストークス動力学シミュレーションのための時間きざみΔt^*の選定に際しては十分気を付けなければならない．この値は，せん断流を特徴づける特性時間，ならびに，磁気力による粒子運動の特性時間よりも，十分小さく取らなければならない．さもないと，粒子同士が過度に重なる場合が生じ，その結果，界面活性剤による大きな斥力が粒子間に発生し，系の発散を生じさせる可能性がある．

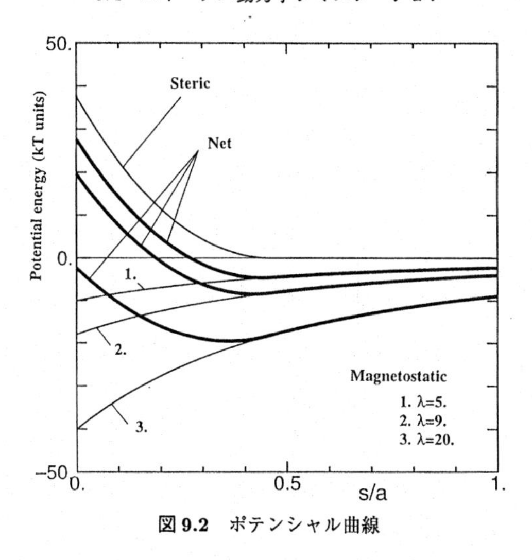

図 9.2 ポテンシャル曲線

さて，無次元系における力の大きさは式 (9.16) より R_mで特徴づけられるので，無次元力 R_mが作用する場合の距離ΔL^*に対する特性時間$\Delta\tau^*$は，$\Delta\tau^* = \Delta L^*/R_m$である．ここで$\Delta L^*$の値として，界面活性剤の厚さの 0.1 倍に取れば，特性時間$\Delta\tau^*$が次のように得られる．

$$\Delta\tau^* = \frac{0.1t_\delta}{R_m} \tag{9.25}$$

本研究ではこの$\Delta\tau^*$の値をシミュレーションの時間きざみΔt^*として用いている．ただし，流れ場の特性時間よりも十分小さく取る必要があるので，$\Delta t^* = \min(0.001, \Delta\tau^*)$ の値を採用している．

シミュレーションに必要な球状粒子に対する移動度関数は第 3.3.5 項と付録 A2 に示してあるが，本研究では，Kim ら[2)]が示した方法に従って代数方程式を数値計算することによって，数値を前もって表化しておき，プログラム中でそれらのデータを呼び出し，内挿して必要な移動度関数の値を求めている．

最後に速度加算近似に対するカットオフ距離 $r_{coff}^{(a.v.)}$について説明する．速度加算近似のレベルでは，粒子 i,j間の流体力学的相互作用を考える場合，第 3 の粒子の存在は無視して考えている．しかしながら，粒子 i,jが第 3 の粒子が間に入るほど十分離れていると，図 9.3 に示したような配置を取り得る可能性は十

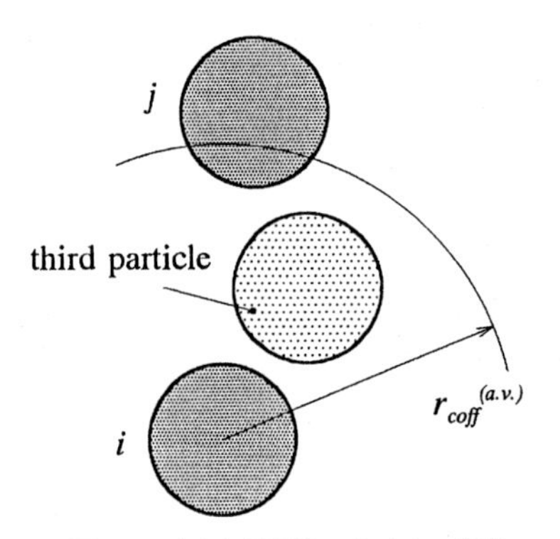

図 9.3　速度加算近似に付随する特徴

分にある．このような粒子配置に対しては，粒子 j が粒子 i に与える影響は，第3の粒子の存在によって遮蔽されることになる．したがって，図 9.3 に示すような配置を速度加算近似の形で考慮することは，大きな誤差を生む可能性がある．ゆえに，本研究ではこのような配置を除くために，カットオフ半径 $r_{coff}^{(a.v.)}$ を導入した．粒子間距離 r_{ij} が $r_{ij} > r_{coff}^{(a.v.)}$ となった場合，流体力学的相互作用を無視することにする．本研究では $r_{coff}^{(a.v.)}$ の値として $r_{coff}^{(a.v.)} = 1.9d(= 2 \times 1.9a)$ と取っている．

9.1.5　結果と考察

a.　ずり速度ゼロの場合の凝集構造

図 9.4 はずり速度がゼロの場合の凝集構造のスナップショットである．これは，$R_m = 1 \times 10^7, \Delta t^* = 3 \times 10^{-9}$ と取って得られた結果である．図 9.4(a) は，$R_V/R_m = 52.89$，図 9.4(b) は $R_V/R_m = 23.8$ に対するものであり，それぞれ左側の図は斜め方向から見た凝集構造，右側の図は磁場方向から見た凝集構造である．前者の図では，磁場が y 軸方向 (紙面上方向) に印加されている．図 9.4 から明らかなように，$R_V/R_m = 52.89$ の場合，磁場方向に太い鎖状クラスタが形成されていることがわかる．一方，$R_V/R_m = 23.8$ の場合にも，磁場方向に鎖状クラスタが形成されてはいるが，図 9.4(a) ほど太くはなっていない．比較のために，モンテカルロ法によって得られた結果[3]を図 9.5 に示す．図 9.5(a) は図 9.4(a) に，図 9.5(b) は図 9.4(b) に対応する結果である．ただし，モンテ

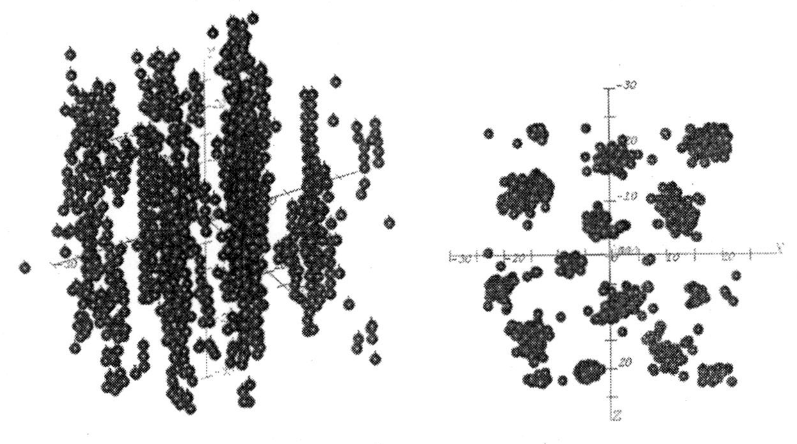

(a) $R_V/R_m = 52.89$

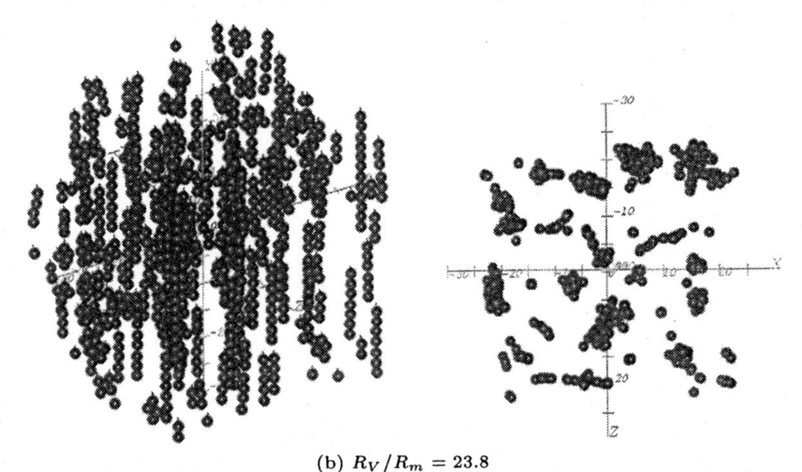

(b) $R_V/R_m = 23.8$

図 9.4　ずり速度ゼロでの凝集構造

カルロ・シミュレーションの結果は，界面活性剤による斥力を考慮していない．図 9.5 と図 9.4 の比較から明らかなように，ストークス動力学シミュレーションの結果は，モンテカルロ・シミュレーションのそれと定性的に非常によく一致する．

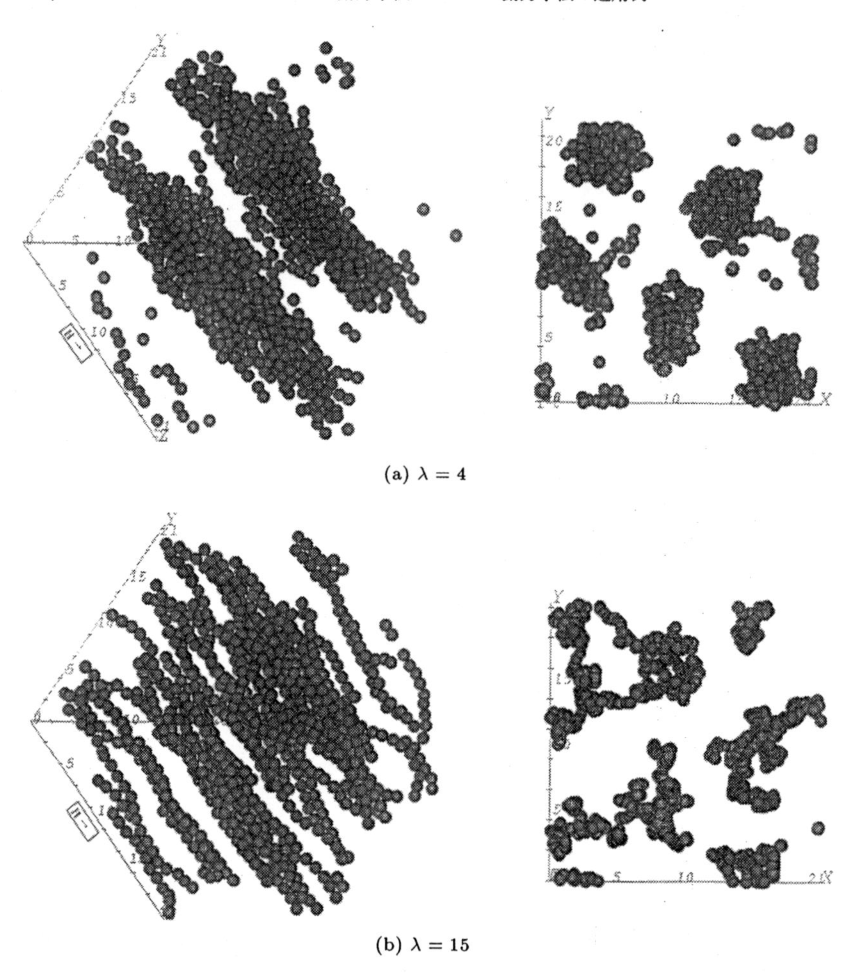

(a) $\lambda = 4$

(b) $\lambda = 15$

図 9.5　モンテカルロ・シミュレーションで得られた凝集構造

b. 凝集構造とずり速度との関係

図 9.6 と 9.7 は図 9.4(a) を初期状態として，せん断流を印加した場合の凝集構造の変化を表したものであり，図中の$\Delta X/L$の値は基本セルの上下に位置する複写セルが，せん断流の方向にどれだけ移動したかを表すものである．図 9.6 はずり速度が小さい $R_m = 100$ の場合，図 9.7 はずり速度が比較的大きい $R_m = 1$ の場合の結果である．図 9.6 から明らかなように，時間が進むに従っ

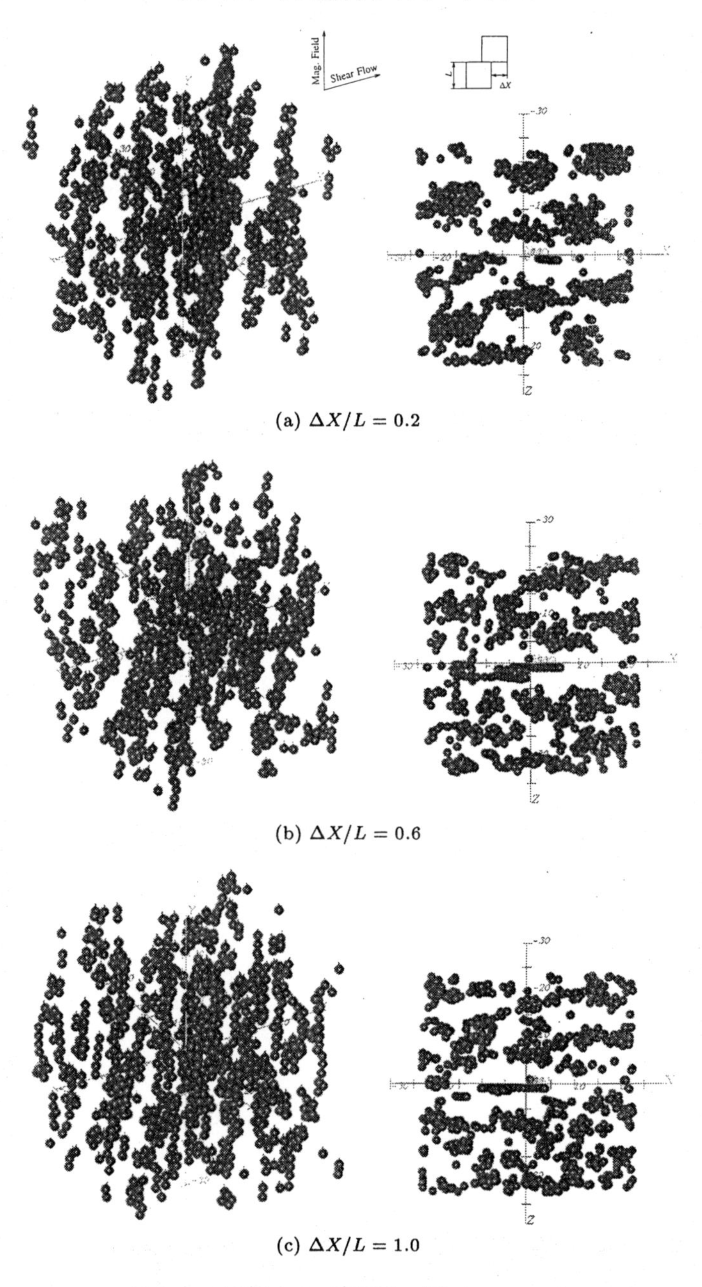

(a) $\Delta X/L = 0.2$

(b) $\Delta X/L = 0.6$

(c) $\Delta X/L = 1.0$

図 9.6　せん断流中での凝集構造の変化 ($R_m = 100$)

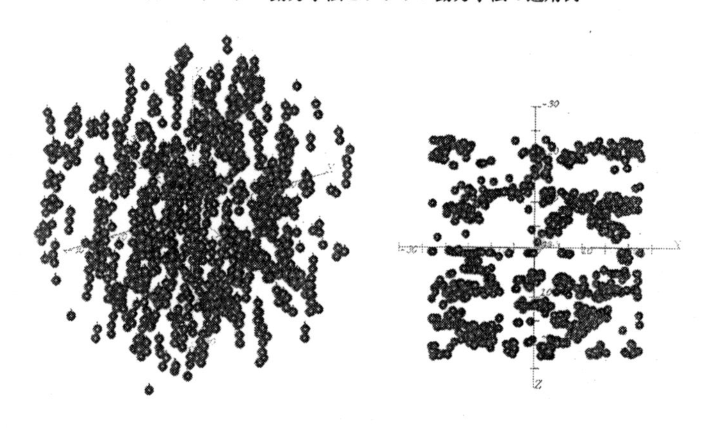

図 9.6　(d) $\Delta X/L = 2.0$

て，太い鎖状クラスタはせん断流の方向に傾き，それから太く長い鎖状クラスタは短いクラスタに解離した後，それ以後せん断流方向に傾くことはなくなる．太い鎖状クラスタの単純せん断流中でのこのような挙動は，物理的に非常に妥当なものである．すなわち，長いクラスタはより大きなせん断力を受けるので，せん断流中で生き残ることが困難となる．長い鎖状クラスタが適当な長さのクラスタに分断されると，それらのクラスタはせん断流中で十分に生き残ることができる状態となるので，それ以上凝集構造の大きな変化がなくなる．

図 9.7 の場合，ずり速度が比較的大きいので，太い鎖状クラスタは時間の進行とともに解体され，消失することがわかる．この理由は次のとおりである．流れを特徴づける特性時間が，磁気力による粒子の運動の特性時間よりも十分短いので，それぞれの粒子はその位置での巨視的な速度で移動し，凝集体の再結合は生じない．ただし，図 9.7 の場合，粒子の磁気モーメントは時間が経っても磁場方向を向いていることに注意されたい．さらに大きなずり速度の場合である図 9.8 から明らかなように，非常に大きなずり速度の場合，粒子は巨視的な流体の角速度で回転するようになる．

c.　2 体相関関数

流れ場中の凝集構造の変化を 2 体相関関数を用いて見てみる．図 9.9 と 9.10 は 2 体相関関数の時間変化を示したものであり，図 9.9 は $R_m = 100$ の場合，図 9.10 は $R_m = 1$ の場合であり，どちらも $R_V/R_m = 52.89$ に対する結果であ

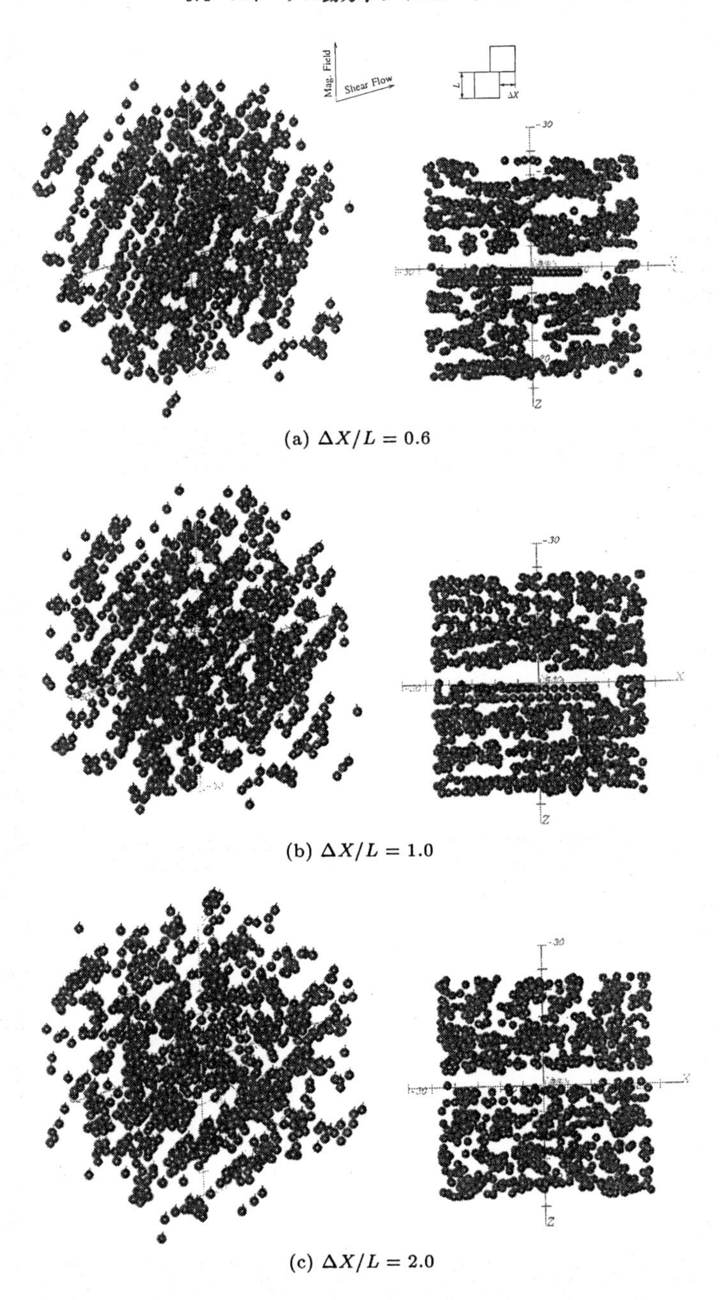

(a) $\Delta X/L = 0.6$

(b) $\Delta X/L = 1.0$

(c) $\Delta X/L = 2.0$

図 9.7 せん断流中での凝集構造の変化 ($R_m = 1$)

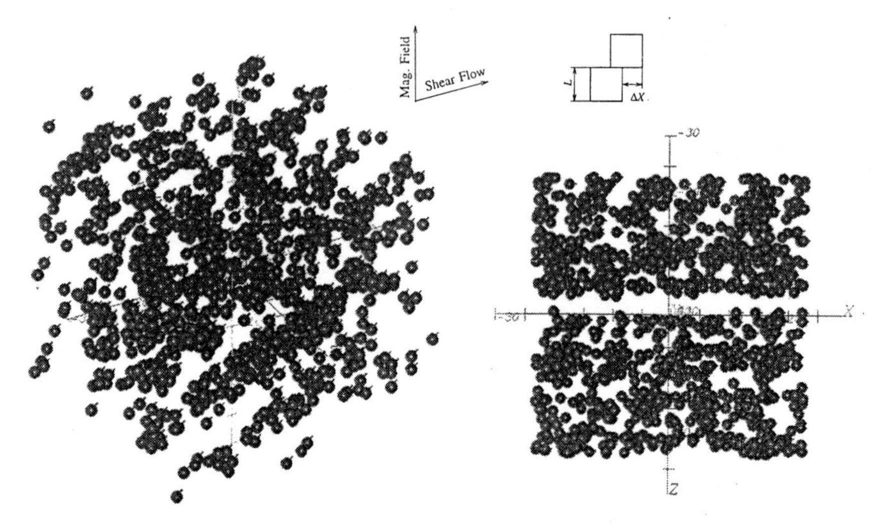

図 9.8　$R_m = 0.05$ に対する凝集構造 ($\Delta X/L = 2.0$)

る．図中において，θは磁場方向からせん断流方向に取った角度であり，$\theta \simeq 0$ で $r/a \simeq 2, 4, 6, \cdots$の位置に生じるピークが鋭いほど，磁場方向に顕著な鎖状クラスタが形成されていることを意味する．図 9.9 においては，$\Delta X/L = 0.6$ 以後は 2 体相関関数の大きな変化が見られない．これは図 9.6 で示した凝集構造のスナップショットの結果とよく一致する．すなわち，長い鎖状クラスタが適当な短いクラスタに解離した後は，凝集構造が大きく変化しないことを図 9.9 においても示されている．この図は，明らかに，太い鎖状クラスタのコア部が生き残っていることを示しているものである．

図 9.10 の 2 体相関関数から，各ピークがθ方向に移動するとともに，その高さが減少し，消滅していく様子がはっきりと見て取れる．すなわち，凝集体が時間の進行とともにせん断流の方向に回転し，凝集体としての構造が消えていくことを表している．もちろん，この 2 体相関関数の特徴は，図 9.7 で示した凝集構造のスナップショットの結果とよく一致する．

d. 粘　　度

最後に，凝集構造の変化とともに粘度がどのように変化するかを図 9.11 に示す．図 9.11(a) は $R_V/R_m = 52.89$ の場合，図 9.11(b) は $R_V/R_m = 23.8$ の

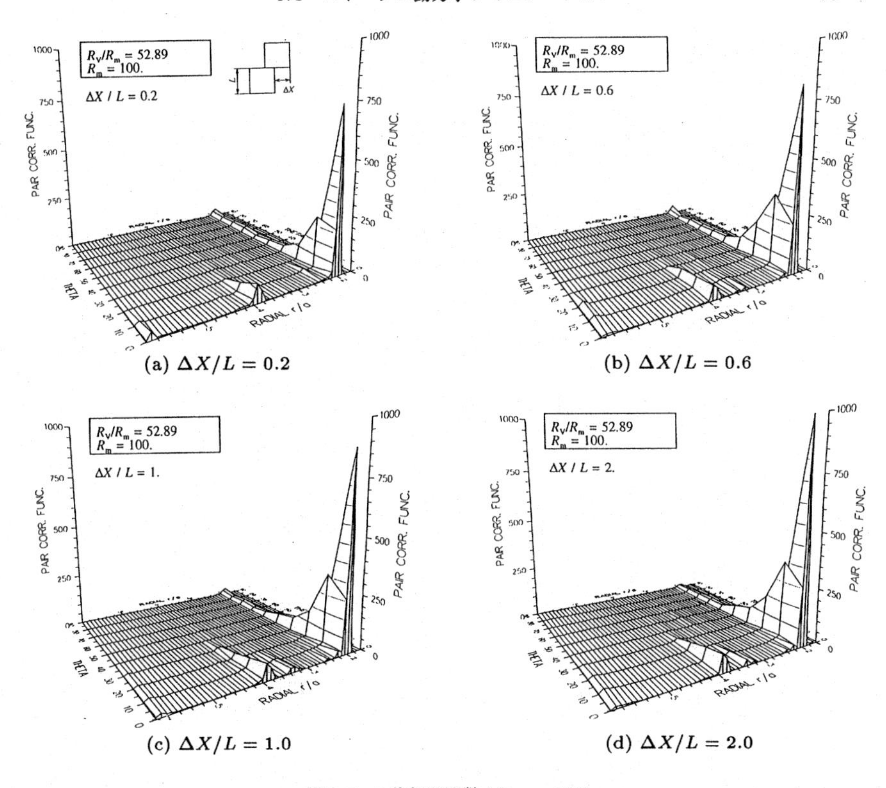

(a) $\Delta X/L = 0.2$　(b) $\Delta X/L = 0.6$

(c) $\Delta X/L = 1.0$　(d) $\Delta X/L = 2.0$

図 9.9　2 体相関関数 ($R_m = 100$)

場合に対するものである．図中の瞬間粘度η_{yx}^mは磁気力に起因する粘度を対象としたものであり，式 (8.6) および (8.9) から，次のように表すことができる．

$$\eta_{yx}^{m*} = \frac{\eta_{yx}^m}{\eta} = -\frac{6\pi}{V^*}\sum_{i=1}^{N}\sum_{\substack{j=1 \\ (j>i)}}^{N} y_{ij}^* F_{ijx}^* + \frac{4\pi}{V^*}\sum_{i=1}^{N} T_{iz}^* \qquad (9.26)$$

ここに，ηは母液の粘度，上付き添字*の付いた量は，第 6.3 節で示した無次元化法で無次元化した量である．式 (9.26) の第 1 項は粒子間磁気力もしくは界面活性剤による斥力に起因する項，第 2 項は他の粒子もしくは印加磁場に基づくトルクに起因する項である．ゆえに，ここでは応力極による項は考えていない．

図 9.11 より，時間の初期段階では粘度は増加し，それから一定値に落ち着くことがわかる．このことは，初期段階において太い鎖状クラスタの解離が終了

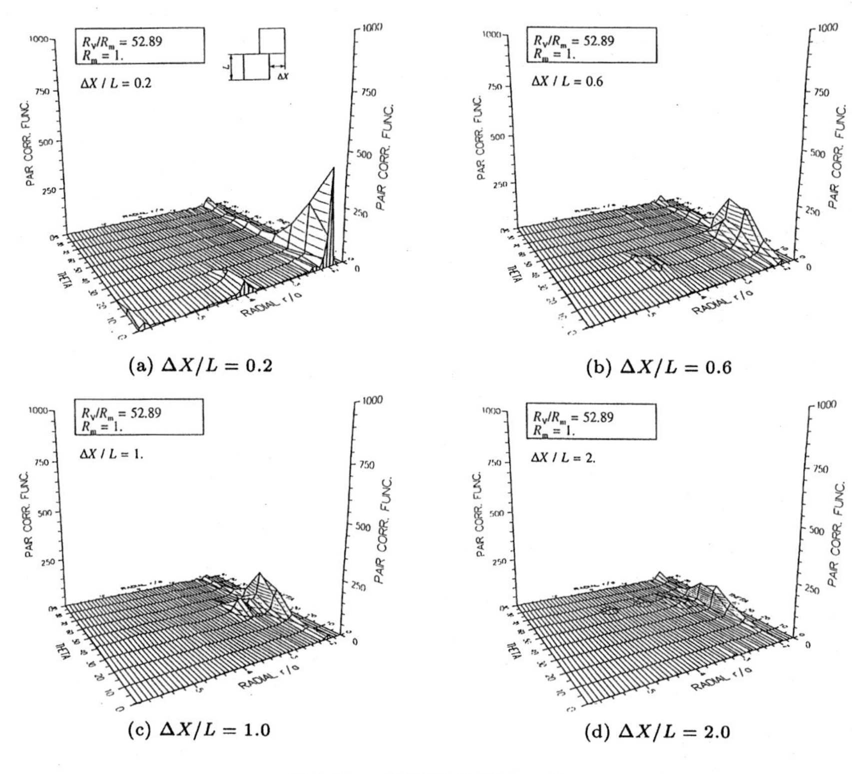

(a) $\Delta X/L = 0.2$　(b) $\Delta X/L = 0.6$

(c) $\Delta X/L = 1.0$　(d) $\Delta X/L = 2.0$

図 9.10　2 体相関関数 ($R_m = 1$)

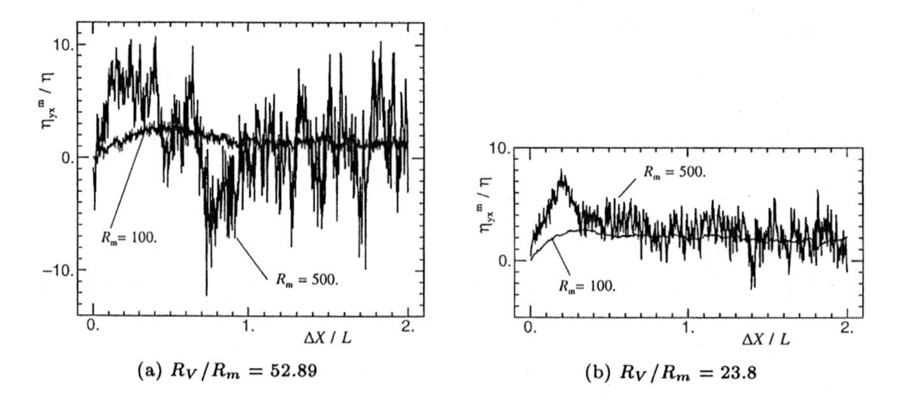

(a) $R_V/R_m = 52.89$　(b) $R_V/R_m = 23.8$

図 9.11　瞬間粘度の経時変化

し，それ以後，凝集構造が大きく変化しないことと符合する．図 9.11(a) の場合，瞬間粘度のゆらぎが図 9.11(b) と比較して大きいのは，太い鎖状クラスタの内部構造そのものと深く関係している．すなわち，太い鎖状クラスタは，単純せん断流中での変形に際して，より大きな抵抗を示すことに他ならない．図からわかるように，R_mの値が大きい場合には，瞬間粘度のゆらぎが非常に大きくなり，十分な精度で粘度の値を得るためには，初期値を何通りにも変えて集団平均を取る必要がある．

9.2 ブラウン動力学シミュレーション

前節では粒子間の磁気力が十分強く，ブラウン運動が重要な役割を演じない場合のストークス動力学シミュレーションについて述べた．この節では，磁気的な粒子間力が十分強くなく，並進のブラウン運動が無視できない場合のシミュレーションについて説明する．ただし，印加磁場は十分強く，粒子の回転ブラウン運動は無視できるものとする．用いた粒子モデルは第 9.1.1 項で示したモデルと同様であり，単純せん断流も同様である．

9.2.1 速度加算近似

並進ブラウン運動を考慮した場合の粒子の位置は，式 (7.106) で表される．一方，回転ブラウン運動が無視できる場合の角速度は，式 (6.14) によって表される．第 7.5 節で示した無次元化法に従って，式 (7.106) を無次元化するのは容易であり，次のようになる．

$$\begin{aligned}\boldsymbol{r}_i^*(t^*+\Delta t^*) = \boldsymbol{r}_i^*(t^*) + \Biggl\{ & \boldsymbol{U}^*(\boldsymbol{r}_i^*) + \sum_{j=1}^{N} \boldsymbol{D}_{ij}^{T*}(t^*)\cdot \boldsymbol{F}_j^{P*}(t^*) \\ & + 2\sum_{j=1}^{N} \tilde{\boldsymbol{D}}_{ij}^{C*}(t^*)\cdot \boldsymbol{T}_j^{P*}(t^*) + 2\tilde{\boldsymbol{g}}_i'^{*}(t^*) : \boldsymbol{E}^* \\ & + \frac{1}{Pe}\sum_{j=1}^{N} \frac{\partial}{\partial \boldsymbol{r}_j^*}\cdot \Bigl(\boldsymbol{D}_{ij}^{T*}(t^*)\Bigr) \Biggr\}\Delta t^* + \Delta \boldsymbol{r}_i^{B*}(t^*) \end{aligned} \qquad (9.27)$$

一方，無次元化した角速度の式は式(6.29)および(7.73)より次のように書ける．

$$\boldsymbol{\omega}_i^*(t^*) = \boldsymbol{\Omega}^* + \frac{3}{2}\sum_{j=1}^{N} \boldsymbol{D}_{ij}^{C*}(t^*) \cdot \boldsymbol{F}_j^{P*}(t^*) + \sum_{j=1}^{N} \boldsymbol{D}_{ij}^{R*}(t^*) \cdot \boldsymbol{T}_j^{P*}(t^*) + \tilde{\boldsymbol{h}}_i^{\prime *}(t^*) : \boldsymbol{E}^*(t^*) \tag{9.28}$$

ここに，$\boldsymbol{F}_i^{P*}$,$\boldsymbol{T}_i^{P*}$は式(9.14),(9.15)に示した$\boldsymbol{F}_i^*$,$\boldsymbol{T}_i^*$に等しい．また，式(9.27)における$\Delta\boldsymbol{r}_i^{B*}$はブラウン運動に基づく変位で，式(7.108)より次の性質を有する．

$$\langle \Delta\boldsymbol{r}_i^{B*} \rangle = 0\ , \quad \langle (\Delta\boldsymbol{r}_i^{B*})(\Delta\boldsymbol{r}_j^{B*}) \rangle = \frac{2}{Pe}\boldsymbol{D}_{ij}^{T*}\Delta t^* \tag{9.29}$$

上式に現れた無次元数Peは式(7.109)で定義したペクレ数で，Peの値が大きくなるに従ってブラウン運動の影響が無視できることになる．式(9.29)の関係式に基づいて，変位$\Delta\boldsymbol{r}_i^{B*}$ $(i=1,2,\cdots,N)$を付録A4に示した方法に従って発生させれば，シミュレーションを進行させることができる．

式(9.27)における拡散テンソルの発散の演算は，次の関係式を用いれば，

$$\sum_{j=1}^{N} \frac{\partial}{\partial \boldsymbol{r}_j^*} \cdot \left(\boldsymbol{D}_{ij}^{T*}\right) = \sum_{\substack{j=1 \\ (j\neq i)}}^{N} \frac{\partial}{\partial \boldsymbol{r}_i^*} \cdot \boldsymbol{a}_{ii}^* + \sum_{\substack{j=1 \\ (j\neq i)}}^{N} \frac{\partial}{\partial \boldsymbol{r}_j^*} \cdot \boldsymbol{a}_{ij}^* \tag{9.30}$$

容易に移動度テンソルより求まり，前節で述べた表化した移動度関数の値を用いて，差分近似より容易に計算することができる．これらの値を移動度関数と同様に表化しておき，プログラムではそれらのデータを呼び出し，内挿して所望の値を求めている．

現象を特徴づける無次元数として，前節で述べたR_m,R_H,R_Vの他にペクレ数Peが加わる．ペクレ数はブラウン運動に対して粘性力による影響がどれだけ支配的かを表すパラメータなので，他の無次元数と同様に，せん断流の性質に依存しない次の形にして，

$$\frac{1}{R_m Pe} = \frac{32\pi a^3 kT}{3\mu_0 m^2} = \frac{(1+t_\delta)^3}{3} \cdot \frac{1}{\lambda} \tag{9.31}$$

この値を一定に保った上で，R_mの値を変えれば，異なったずり速度のせん断流のシミュレーションを行うことができる．なお，$1/R_m Pe$ は粒子間磁気力に対してブラウン運動がどの程度支配的かを表す無次元数である．他の無次元数については，第 9.1.3 項で述べたことと同様であるので，ここでは省略する．

9.2.2　シミュレーションのための諸パラメータ

前節のストークス動力学シミュレーションの結果との比較を行うために，R_V/R_mの値を，$\lambda=3, 5, 9$ に対する $R_V/R_m=158.7, 95.2, 52.89$ と設定した．R_H/R_m, 数密度 n^*, 流体力学的相互作用のカットオフ距離 $r_{coff}^{(a.v.)*}$ の値は前節で示した値と同様である．ブラウン動力学シミュレーションの場合，変位 $\Delta \boldsymbol{r}_i^{B*}\ (i=1,2,\cdots,N)$ の発生に非常に計算時間が掛かるので，ここでは粒子数を $N=216$ と比較的小さな系を対象としている．この場合のシミュレーション領域の大きさは $L^*=27.85$ であり，粒子間力のカットオフ距離は $r_{coff}^*=8$ と取っている．$\lambda=3,5,9$ に対する $1/R_m Pe$ の値は $1/R_m Pe=0.244, 0.146, 0.0814$ である．

シミュレーションにおける時間きざみの値の選定は，次のとおりである．粒子のブラウン運動を特徴づけるランダム変位$\Delta \boldsymbol{r}_i^{B*}$の最大値を次のように考えると，

$$\left|\Delta \boldsymbol{r}_i^{B*}\right|_{\max}=2.5\times\sqrt{\frac{2}{Pe}\Delta\tau^*} \tag{9.32}$$

これが界面活性剤の厚さよりも十分小さくなければならないので，式 (9.25) に対する基準と同様の基準を適用して，

$$\left|\Delta \boldsymbol{r}_i^{B*}\right|_{\max}=0.1\,t_\delta \tag{9.33}$$

と置けば，$\Delta\tau^*$が次のように得られる．

$$\Delta\tau^*=8\times10^{-4}\,t_\delta^2\,Pe \tag{9.34}$$

本研究では，シミュレーションの時間きざみΔt^*として，$\Delta t^*=\min(0.001, \Delta\tau^*)$ の値を用いている．以上から明らかなように，ブラウン動力学シミュレーショ

ンの場合，界面活性剤層が原因となって，大きな時間きざみの値を採用することができないことに注意しなければならない．

結果の吟味に移る前に，次のことに注意されたい．ここで行ったブラウン動力学シミュレーションにおいては，拡散行列が正であるという条件は必ずしも満足されないことがわかっている．すなわち，式 (A4.16) における L_{ii}の計算に際して，平方根が虚数となってしまう状態が生じるのである．この計算上の困難さを克服するために，式 (7.85) の条件を満足するように拡散行列の成分を修正するなどして対処している．本質的な解明は今後の研究を待たなければならない．

9.2.3　結果と考察

図 9.12〜9.14 は，面心立方格子状に粒子を配置し，各粒子の磁気モーメントの方向をランダムに設定した初期状態から，単純せん断流を印加した場合の凝集構造の形成・変化を示したものである．図 9.12,9.13,9.14 は，それぞれ，$(R_V/R_m, 1/R_m Pe) = (158.7, 0.244), (95.2, 0.146), (52.89, 0.0814)$ の場合に対する結果であり，ずり速度が小さい場合を想定して，どの場合も $R_m = 50$ としている．これらの凝集構造の結果は，前節の図 9.6,9.7 の場合と異なり，規則的な粒子配置の初期状態からシミュレーションが開始されることに注意されたい．

図 9.14 から明らかなように，時間の進行とともに粒子は結合し，太い鎖状クラスタを形成することがわかる．ただし，このような鎖状クラスタはそれほど長くなっていない．図 9.14(c) の凝集構造の結果は前節の図 9.6(c) の結果と定性的に非常によく一致する．このように，ブラウン動力学法の結果は，ブラウン運動が無視できる状況においては，ストークス動力学法の結果と一致する．図 9.12 のように，ブラウン運動が支配的な状況においては，時間が進行しても顕著な凝集体の形成は見られない．ただし，印加磁場が非常に強いので，各粒子の磁気モーメントは磁場方向を向いていることがわかる．

比較的強いせん断流の場合である $R_m = 1$ に対する結果を図 9.15 に示す．この場合，明らかにブラウン運動よりもせん断流の影響が支配的なので，粒子は凝集体を形成することなく，せん断流の方向に流れて行くようになる．ただし，

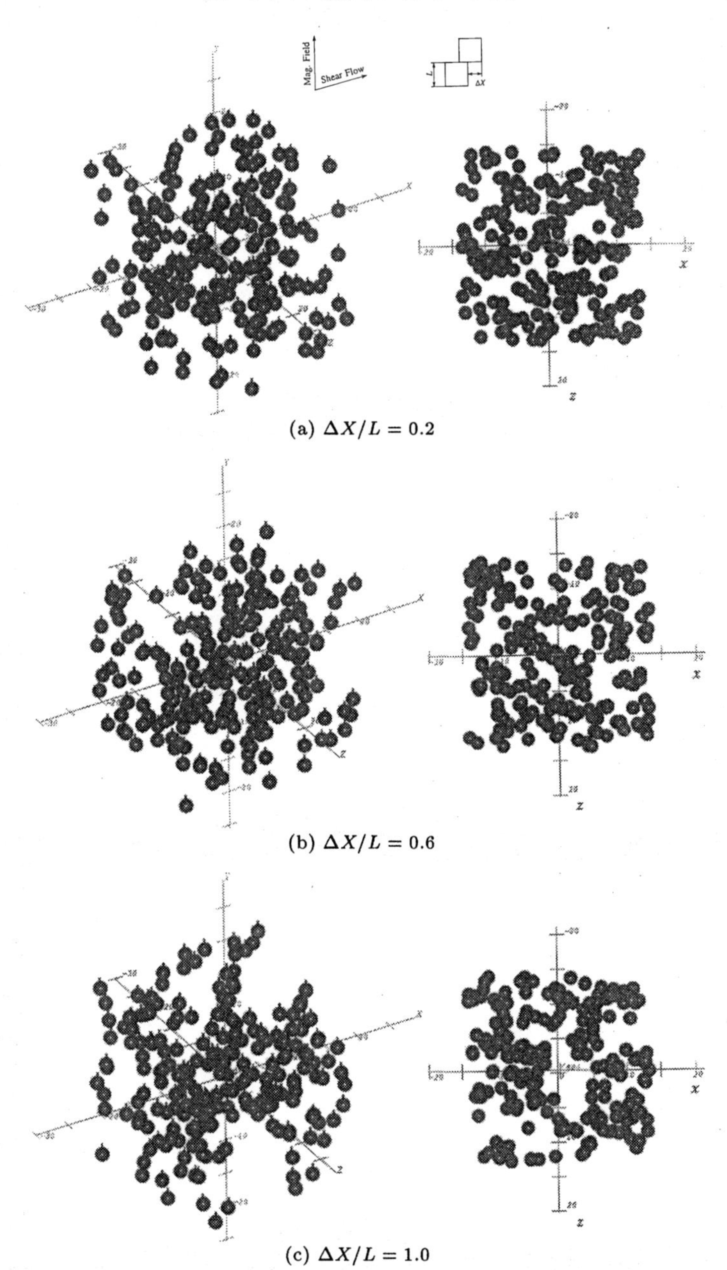

(a) $\Delta X/L = 0.2$

(b) $\Delta X/L = 0.6$

(c) $\Delta X/L = 1.0$

図 9.12　$R_m = 50$ に対する凝集構造の変化 ($R_V\,/R_m = 158.7$)

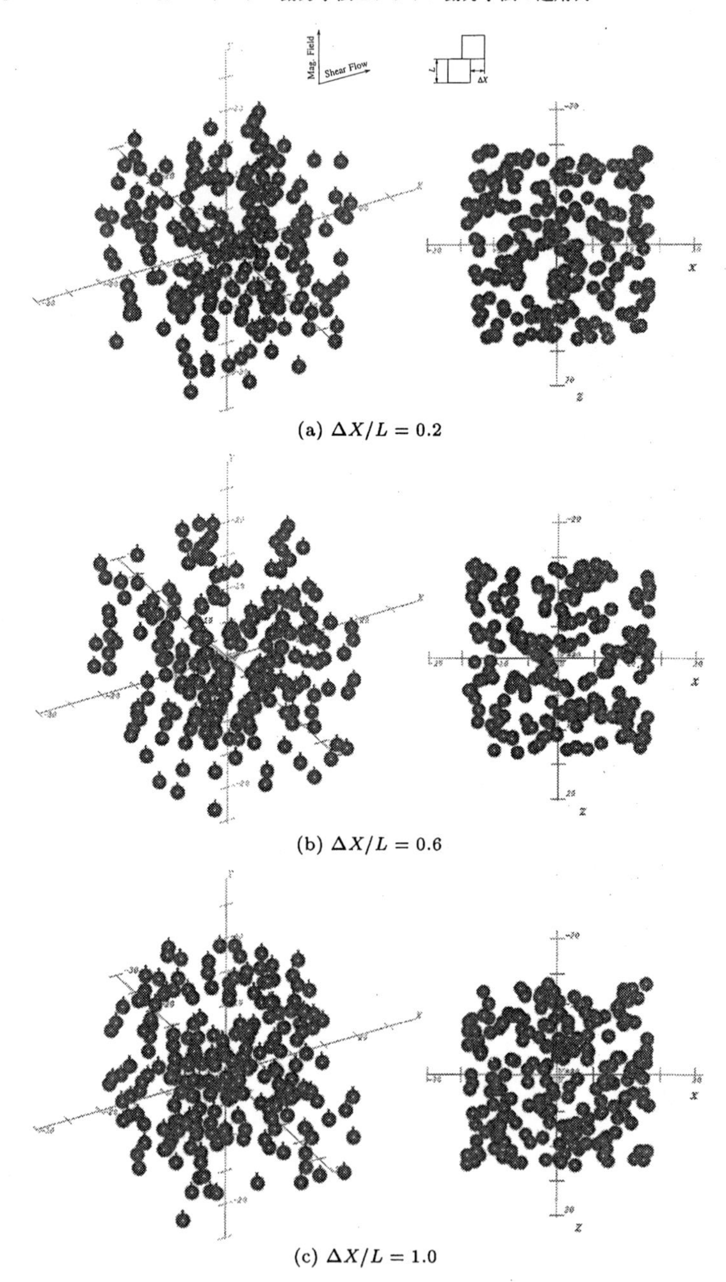

(a) $\Delta X/L = 0.2$

(b) $\Delta X/L = 0.6$

(c) $\Delta X/L = 1.0$

図 9.13　$R_m = 50$ に対する凝集構造の変化 ($R_V/R_m = 95.2$)

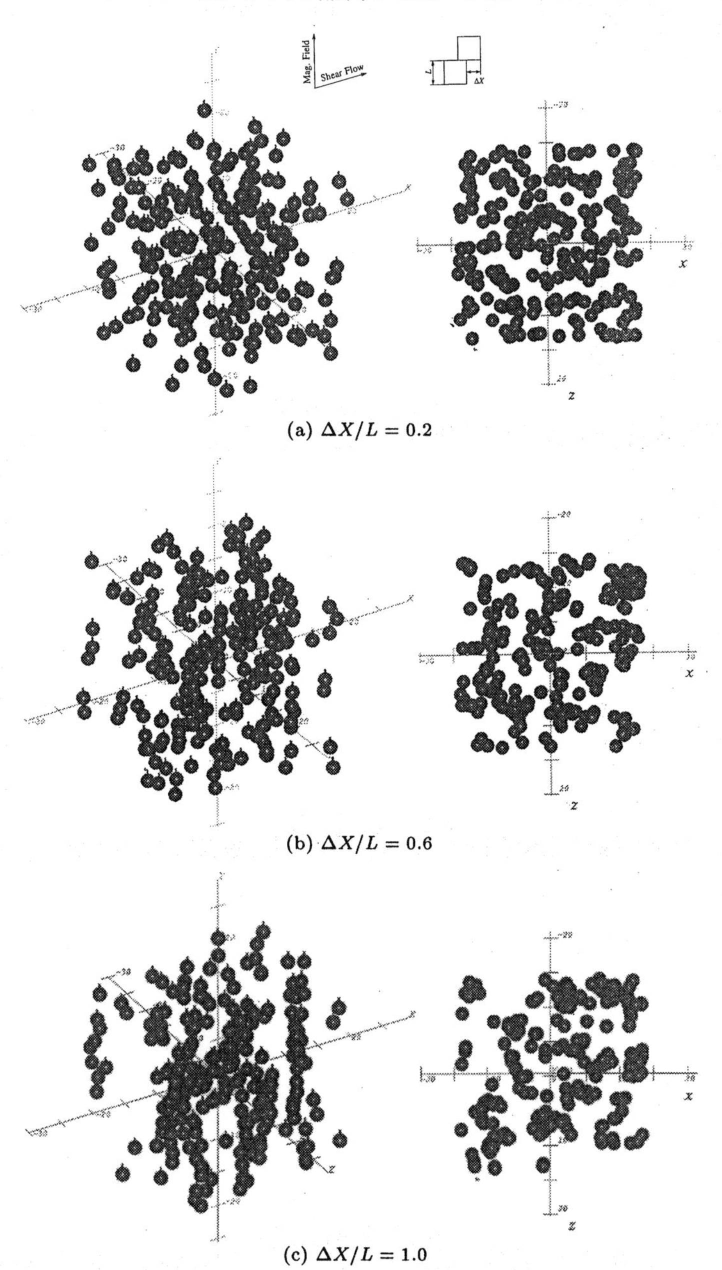

(a) $\Delta X/L = 0.2$

(b) $\Delta X/L = 0.6$

(c) $\Delta X/L = 1.0$

図 9.14　$R_m = 50$ に対する凝集構造の変化 ($R_V/R_m = 52.89$)

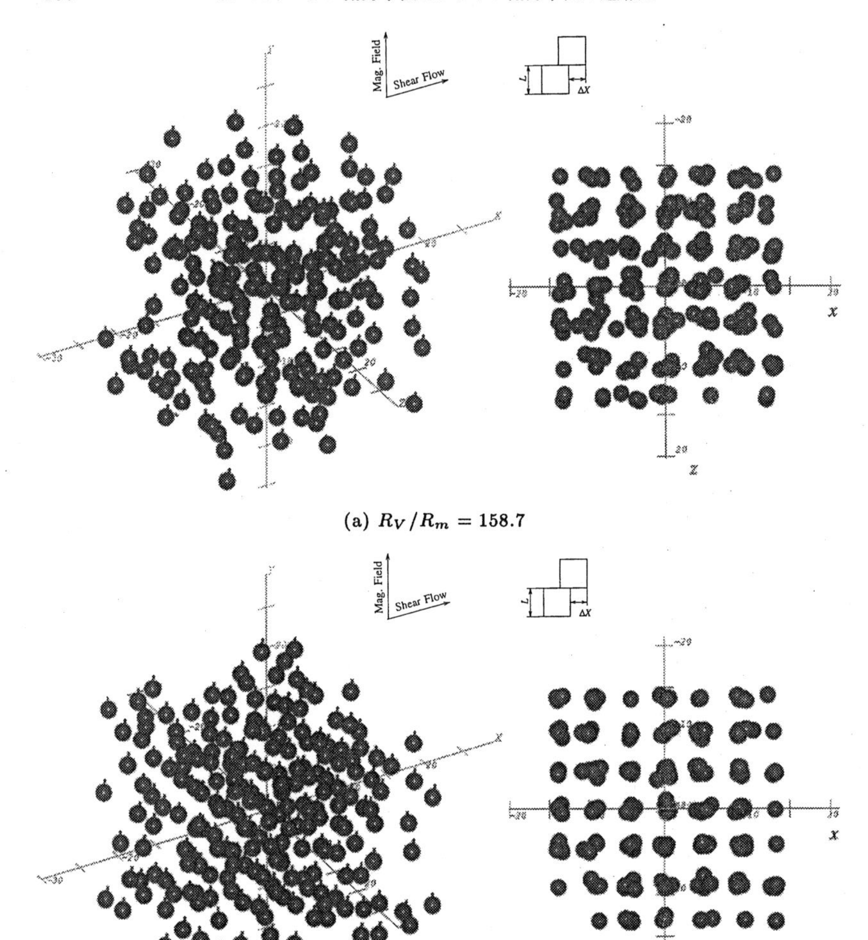

(a) $R_V/R_m = 158.7$

(b) $R_V/R_m = 52.89$

図 9.15　$R_m = 1$ に対する凝集構造の変化 ($\Delta X/L = 1.0$)

この場合でも，印加磁場による磁気モーメントの拘束力がせん断力よりも強いので，各粒子の磁気モーメントは磁場方向を向いている．

非常にせん断流が強い場合の図 9.16 の結果は，明らかに，粒子の磁気モーメントがランダムな方向を向いていることを示している．これは磁気モーメント

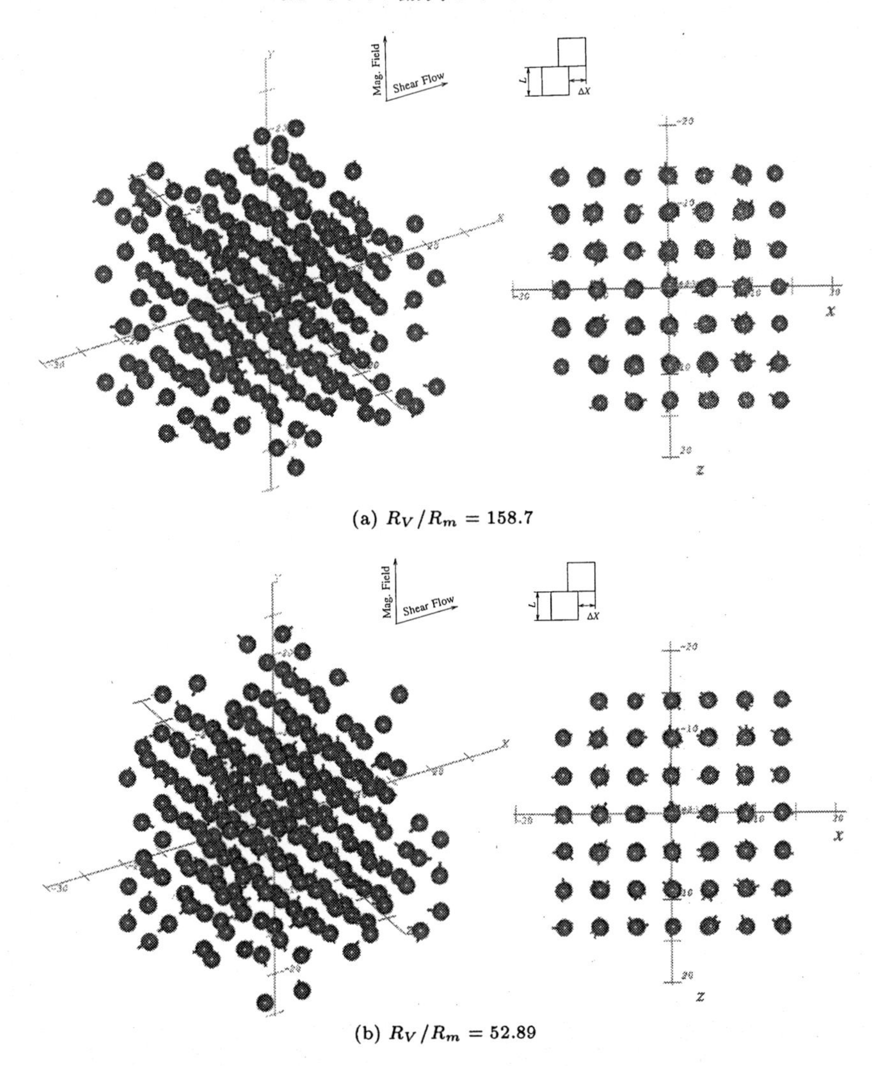

(a) $R_V/R_m = 158.7$

(b) $R_V/R_m = 52.89$

図 9.16　$R_m = 0.05$ に対する凝集構造の変化 ($\Delta X/L = 1.0$)

の配向に関する特性時間が，せん断流のそれと比較して非常に長いため，磁場方向に配向できないことを意味している．したがって，初期状態として与えたランダムな配向状態の性質が，時間の進行とともに維持されるものと考えられる．

文　　献

1) R.E. Rosensweig, "Ferrohydrodynamics", pp.46-50, Cambridge University Press, Cambridge (1985).
2) S. Kim and R. T. Mifflin, "The Resistance and Mobility Functions of Two Equal Spheres in Low-Reynolds-Number Flow", Phys. Fluids, 28(1985), 2033.
3) 佐藤　明・ほか3名, "強磁性微粒子の太い鎖状クラスタ形成に関する3次元モンテカルロ・シミュレーション", 日本機械学会論文集 (B編), 61(1995), 2961.

10

多体流体力学的相互作用の近似法

第4章にて，力加算近似と速度加算近似という多体流体力学的相互作用に関する二つの代表的な近似法を示した．この章ではより高精度の近似法を示す．3体相互作用を理論的に求めることができれば，非常に高精度で流体力学的相互作用を考慮することができることになるが，このような方向に沿っていくつかの研究がなされている[1,2]．しかしながら，多粒子系を対象とする現実的なシミュレーションの場合，3体相互作用の計算は非常に計算時間が掛かることになり，シミュレーションの観点からすると，厳密な3体相互作用の理論は応用面で難点があると言わざるを得ない．したがって，ここでは比較的実用的な価値があると思われる方法についてのみ説明することにする．

10.1 Durlofsky-Brady-Bossisの方法

コロイド分散系の単純せん断流中での挙動を考える場合，流れ場の解は式(2.2)の連続の式と式(2.3)のストークス方程式より求まることはすでに述べた．別な流れ場の支配方程式として，粒子表面に作用する単位面積当たりの力の概念を用いても，流れ場の解が満足すべき方程式を表すことができる．この場合，以下に見るように，流れ場の解はその積分方程式を解くことに他ならない．

いま粒子αの表面に作用する単位面積当たりの力を$\boldsymbol{f}$とすれば，粒子の存在によって影響を受けた流れ場の解$\boldsymbol{U}(\boldsymbol{r})$は次のように書ける[3]．

$$\boldsymbol{U}(\boldsymbol{r}) = \boldsymbol{U}_0(\boldsymbol{r}) - \frac{1}{8\pi\eta}\sum_{\alpha=1}^{N}\int_{S_\alpha} \boldsymbol{J}(\boldsymbol{r}-\boldsymbol{r}')\cdot\boldsymbol{f}(\boldsymbol{r}')\,d\boldsymbol{r}' \tag{10.1}$$

ここに，$\boldsymbol{U}_0$は粒子が懸濁される前のせん断流の速度ベクトル，積分は粒子表面S_αに関して行い，$\boldsymbol{r}'$は粒子表面上の位置ベクトル，$\boldsymbol{r}$は任意の位置ベクトル($r = |\boldsymbol{r}|$),$\boldsymbol{J}$は第 3.2.1 項で示したオセーン・テンソルで次のとおりである．

$$\boldsymbol{J}(\boldsymbol{r}) = \frac{1}{r}\left(\boldsymbol{I} + \frac{\boldsymbol{r}\boldsymbol{r}}{r^2}\right) \tag{10.2}$$

また，$\boldsymbol{f}(\boldsymbol{r}')$ は応力テンソル$\boldsymbol{\tau}$と粒子表面に垂直な外向きの単位ベクトル$\boldsymbol{n}$を用いて次のように表すことができる．

$$\boldsymbol{f}(\boldsymbol{r}') = \boldsymbol{n}\cdot\boldsymbol{\tau} \tag{10.3}$$

第 3.2.1 項の結果を考慮すると，式 (10.1) の積分項は粒子表面に分布する力$\boldsymbol{f}$によって，流れ場の位置$\boldsymbol{r}$に誘起される速度を意味することがわかる．式 (10.1) の積分方程式を解けば，流れ場の解が得られることになるが，別な方法を用いて近似的に解くことも可能である[4]．

いまオセーン・テンソル$\boldsymbol{J}(\boldsymbol{r}-\boldsymbol{r}')$ をそれぞれの粒子の中心まわりにテイラー級数展開することを考える．粒子αについて考えると，粒子αの中心位置を$\boldsymbol{r}_\alpha$とすれば，

$$\begin{aligned}\boldsymbol{J}(\boldsymbol{r}-\boldsymbol{r}') &= \boldsymbol{J}(\boldsymbol{r}-\boldsymbol{r}_\alpha) + (\boldsymbol{r}'-\boldsymbol{r}_\alpha)\cdot\frac{\partial}{\partial\boldsymbol{r}'}\boldsymbol{J}(\boldsymbol{r}-\boldsymbol{r}')|_{\boldsymbol{r}'=\boldsymbol{r}_\alpha} \\ &\quad + \frac{1}{2}(\boldsymbol{r}'-\boldsymbol{r}_\alpha)(\boldsymbol{r}'-\boldsymbol{r}_\alpha):\frac{\partial}{\partial\boldsymbol{r}'}\frac{\partial}{\partial\boldsymbol{r}'}\boldsymbol{J}(\boldsymbol{r}-\boldsymbol{r}')|_{\boldsymbol{r}'=\boldsymbol{r}_\alpha} + \cdots \\ &= \boldsymbol{J}(\boldsymbol{r}-\boldsymbol{r}_\alpha) - (\boldsymbol{r}'-\boldsymbol{r}_\alpha)\cdot\frac{\partial}{\partial\boldsymbol{r}}\boldsymbol{J}(\boldsymbol{r}-\boldsymbol{r}_\alpha) \\ &\quad + \frac{1}{2}(\boldsymbol{r}'-\boldsymbol{r}_\alpha)(\boldsymbol{r}'-\boldsymbol{r}_\alpha):\frac{\partial}{\partial\boldsymbol{r}}\frac{\partial}{\partial\boldsymbol{r}}\boldsymbol{J}(\boldsymbol{r}-\boldsymbol{r}_\alpha) + \cdots\end{aligned} \tag{10.4}$$

この式を式 (10.1) に代入すると，

$$\boldsymbol{U}(\boldsymbol{r}) = \boldsymbol{U}_0(\boldsymbol{r}) - \frac{1}{8\pi\eta}\sum_{\alpha=1}^{N}\int_{S_\alpha}\boldsymbol{J}(\boldsymbol{r}-\boldsymbol{r}_\alpha)\cdot\boldsymbol{f}(\boldsymbol{r}')\,d\boldsymbol{r}'$$

$$+ \frac{1}{8\pi\eta}\sum_{\alpha=1}^{N}\int_{S_\alpha}(\boldsymbol{r}'-\boldsymbol{r}_\alpha)\cdot\frac{\partial}{\partial\boldsymbol{r}}\boldsymbol{J}(\boldsymbol{r}-\boldsymbol{r}_\alpha)\cdot\boldsymbol{f}(\boldsymbol{r}')\,d\boldsymbol{r}'$$

$$-\frac{1}{16\pi\eta}\sum_{\alpha=1}^{N}\int_{S_\alpha}(\boldsymbol{r}'-\boldsymbol{r}_\alpha)(\boldsymbol{r}'-\boldsymbol{r}_\alpha):\frac{\partial}{\partial\boldsymbol{r}}\frac{\partial}{\partial\boldsymbol{r}}\boldsymbol{J}(\boldsymbol{r}-\boldsymbol{r}_\alpha)\cdot\boldsymbol{f}(\boldsymbol{r}')\,d\boldsymbol{r}'+\cdots \tag{10.5}$$

粒子αが流体に及ぼす力を$\boldsymbol{F}_\alpha$とし，式 (2.14) を考慮すれば，式 (10.5) の右辺第 2 項は符号を含めて次のようになる．

$$\frac{1}{8\pi\eta}\sum_{\alpha=1}^{N}\boldsymbol{J}(\boldsymbol{r}-\boldsymbol{r}_\alpha)\cdot\boldsymbol{F}_\alpha \tag{10.6}$$

この式は単一の粒子の運動に起因する誘起速度の式 (3.58) と同一なので，式 (10.5) の右辺第 3 項以後が粒子の回転運動や粒子間の流体力学的な相互作用に起因する項であることがわかる．式 (10.5) の第 3 項は，式 (2.18) と類似の形になっていることから，この項より，トルクと応力極による効果が生じる．第 4 項以降はさらに高次のモーメントとなっているので，これらの補正項を与える．$(\partial/\partial\boldsymbol{r})(\partial/\partial\boldsymbol{r})\boldsymbol{J}=\nabla^2\boldsymbol{J}$などの関係式を考慮して，式 (10.5) を計算整理すると，最終的に次のような式が得られる[4]．

$$\boldsymbol{U}(\boldsymbol{r})=\boldsymbol{U}_0(\boldsymbol{r})+\frac{1}{8\pi\eta}\sum_{\alpha=1}^{N}\left(1+\frac{1}{6}a^2\nabla^2\right)\boldsymbol{J}(\boldsymbol{r}-\boldsymbol{r}_\alpha)\cdot\boldsymbol{F}_\alpha+\sum_{\alpha=1}^{N}\varepsilon\cdot\frac{\boldsymbol{r}}{r^3}\cdot\boldsymbol{T}_\alpha$$
$$+\sum_{\alpha=1}^{N}\left(1+\frac{1}{10}a^2\nabla^2\right)\boldsymbol{L}(\boldsymbol{r}-\boldsymbol{r}_\alpha):\boldsymbol{S}_\alpha+\cdots \tag{10.7}$$

ここに$\boldsymbol{L}(\boldsymbol{r})$は 3 階のテンソル量で，成分表示形で示せば次のとおりである．

$$L_{ijk}=\frac{1}{2}\left(\nabla_k J_{ij}+\nabla_j J_{ik}\right) \tag{10.8}$$

式 (10.7) は流れ場の解であるが，粒子αの速度$\boldsymbol{v}_\alpha$は Faxén の公式より次のように書ける[5]．

$$\boldsymbol{v}_\alpha-\boldsymbol{U}_0(\boldsymbol{r}_\alpha)=\frac{\boldsymbol{F}_\alpha}{6\pi\eta a}+\left(1+\frac{1}{6}a^2\nabla^2\right)\boldsymbol{U}'(\boldsymbol{r}_\alpha) \tag{10.9}$$

$$\boldsymbol{\omega}_\alpha-\boldsymbol{\Omega}=\frac{\boldsymbol{T}_\alpha}{8\pi\eta a^3}+\frac{1}{2}\varepsilon:\frac{\partial}{\partial\boldsymbol{r}_\alpha}\boldsymbol{U}'(\boldsymbol{r}_\alpha) \tag{10.10}$$

$$-\boldsymbol{E} = \frac{3\boldsymbol{S}_\alpha}{20\pi\eta a^3} + \left(1 + \frac{1}{10}a^2\nabla^2\right)\boldsymbol{E}'(\boldsymbol{r}_\alpha) \qquad (10.11)$$

ここに，$\boldsymbol{U}'(\boldsymbol{r}_\alpha)$ は位置$\boldsymbol{r}_\alpha$での粒子α自身の寄与を除いた他の粒子による流れ場の擾乱，$\boldsymbol{E}'$は次のとおりである．

$$\boldsymbol{E}' = \frac{1}{2}\left\{\frac{\partial}{\partial \boldsymbol{r}_\alpha}\boldsymbol{U}' + \left(\frac{\partial}{\partial \boldsymbol{r}_\alpha}\boldsymbol{U}'\right)^t\right\} \qquad (10.12)$$

式 (10.9)~(10.11) の右辺において，力，トルク，または応力極のレベルで打ち切ると，この場合の移動度行列を$\boldsymbol{M}^\infty$とすれば (前章までの定義と若干異なる)，次のような移動度行列形式での関係式を得ることができる．

$$\begin{bmatrix} \hat{\boldsymbol{v}} \\ -\boldsymbol{E} \end{bmatrix} = \frac{1}{\eta}\boldsymbol{M}^\infty \begin{bmatrix} \hat{\boldsymbol{F}} \\ \boldsymbol{S} \end{bmatrix} \qquad (10.13)$$

ここに，$\hat{\boldsymbol{v}}$は粒子の速度$\boldsymbol{v}_1, \boldsymbol{v}_2, \cdots, \boldsymbol{v}_N$と角速度$\boldsymbol{\omega}_1, \boldsymbol{\omega}_2, \cdots, \boldsymbol{\omega}_N$をまとめて表したものであり ($\boldsymbol{U}_0(\boldsymbol{r}_\alpha), \boldsymbol{\Omega}$も含める)，$\hat{\boldsymbol{F}}$も力とトルクを同様にまとめて表したもの，さらに$\boldsymbol{S}$は$\boldsymbol{S}_1, \boldsymbol{S}_2, \cdots, \boldsymbol{S}_N$の同様の表記である．式 (10.13) より，$\hat{\boldsymbol{F}}$と$\boldsymbol{S}$が$\hat{\boldsymbol{v}}$と$\boldsymbol{E}$の関数として，次のように得られることは明らかである．

$$\begin{bmatrix} \hat{\boldsymbol{F}} \\ \boldsymbol{S} \end{bmatrix} = \eta(\boldsymbol{M}^\infty)^{-1} \begin{bmatrix} \hat{\boldsymbol{v}} \\ -\boldsymbol{E} \end{bmatrix} \qquad (10.14)$$

$\boldsymbol{M}^\infty$を得るに際しては，式 (10.7) において，ある粒子の影響を力，トルク，応力極の第 1 近似のみを考慮して，それらの和として定義しているに過ぎないので，$\boldsymbol{M}^\infty$は 2 体あるいはそれ以上の流体力学的相互作用を含んでいないことがわかる．しかしながら，第 4.2 節の最後で述べたように，抵抗行列 $(\boldsymbol{M}^\infty)^{-1}$はその逆行列を求める過程において，間接的に多体相互作用を含んだ形で得られるので，より厳密な抵抗行列を与える．ただし，この抵抗行列 $(\boldsymbol{M}^\infty)^{-1}$には粒子がほぼ接触状態に近いときに支配的な役割を果たす潤滑効果が含まれていない．なぜなら，潤滑効果は式 (10.7) の高次の項を省略することになしに，すべての項を含めることによって再現できるからである．多体流体力学的相互作用と潤滑効果の再現を共に含んだ形の抵抗行列$\boldsymbol{R}$を得るには次のようにすればよい[4)]．

$$\boldsymbol{R} = (\boldsymbol{M}^{\infty})^{-1} + \boldsymbol{R}_{2B} - \boldsymbol{R}_{2B}^{\infty} \tag{10.15}$$

この式の意味するところは，流体力学的相互作用の項$(\boldsymbol{M}^{\infty})^{-1}$に，潤滑効果を再現する2体相互作用の項$\boldsymbol{R}_{2B}$を加え，さらに遠距離による相互作用の項$\boldsymbol{R}_{2B}^{\infty}$を除くことによって，すでに$(\boldsymbol{M}^{\infty})^{-1}$に含まれているこの相互作用を2重に評価しないようにして得られたものである．

抵抗行列$\boldsymbol{R}$を，関係する変数同士が対応するように(例えば$\hat{\boldsymbol{F}}$と$\hat{\boldsymbol{v}}$)，次のような小行列の形で表すと，

$$\boldsymbol{R} = \begin{bmatrix} \boldsymbol{R}_{\hat{F}\hat{v}} & \boldsymbol{R}_{\hat{F}E} \\ \boldsymbol{R}_{S\hat{v}} & \boldsymbol{R}_{SE} \end{bmatrix} \tag{10.16}$$

$\hat{\boldsymbol{F}}, \boldsymbol{S}$と$\hat{\boldsymbol{v}}, \boldsymbol{E}$の関係が次のように書ける．

$$\begin{bmatrix} \hat{\boldsymbol{F}} \\ \boldsymbol{S} \end{bmatrix} = \eta \begin{bmatrix} \boldsymbol{R}_{\hat{F}\hat{v}} & \boldsymbol{R}_{\hat{F}E} \\ \boldsymbol{R}_{S\hat{v}} & \boldsymbol{R}_{SE} \end{bmatrix} \begin{bmatrix} \hat{\boldsymbol{v}} \\ -\boldsymbol{E} \end{bmatrix} \tag{10.17}$$

したがって，速度$\hat{\boldsymbol{v}}$が次のように得られる．

$$\hat{\boldsymbol{v}} = \boldsymbol{R}_{\hat{F}\hat{v}}^{-1} \cdot (\hat{\boldsymbol{F}}/\eta + \boldsymbol{R}_{\hat{F}E} : \boldsymbol{E}) \tag{10.18}$$

この式と第4.1節で説明した力加算近似の違いは，$(\boldsymbol{M}^{\infty})^{-1}$の計算を通して，遠距離での多体流体力学的相互作用が，より厳密に式(10.18)の$\boldsymbol{R}_{\hat{F}\hat{v}}^{-1}$に反映されることにある．このような概念は非常に有用であるが，しかしながら第4.1節ですでに述べたように，速度を求めるに際して，$\boldsymbol{M}^{\infty}$と$\boldsymbol{R}_{\hat{F}\hat{v}}$の二つの行列の逆行列を計算しなければならず，計算時間の非常に掛かる方法となってしまう．そのため，シミュレーションは小さな系に限定せざるを得ない欠点がある．$\boldsymbol{R}_{2B}$としては，第3.3節で示した抵抗行列および抵抗関数の式を用いればよい．また$\boldsymbol{M}^{\infty}$の具体的な表式は文献(4)で示されているので，そちらを参照されたい．

10.2　遮蔽効果を考慮した実効移動度テンソル

この節では，多体相互作用の近似法として，第3の粒子による2体相互作用の遮蔽効果(screening effect)を考慮に入れた実効移動度テンソルについて説明する[6~8]．なお，この節では並進運動に限定して議論を進めることにする．

同一半径 a を有する球状粒子のコロイド分散系を考えた場合，粒子α,β間の移動度テンソル$\boldsymbol{a}_{\alpha\beta}$は，式 (3.73),(3.91)～(3.94) を考慮し，高次の項を省略すると次のように書ける．

$$\boldsymbol{a}_{\alpha\beta}=\frac{1}{6\pi a}\left\{\frac{3a}{4r}(\boldsymbol{I}+\boldsymbol{ee})+\frac{1}{2}\left(\frac{a}{r}\right)^3(\boldsymbol{I}-3\boldsymbol{ee})+\frac{75}{4}\left(\frac{a}{r}\right)^7\boldsymbol{ee}\right\}\quad(\alpha\neq\beta) \tag{10.19}$$

式 (4.22) で定義された$\boldsymbol{a}'_{\alpha\alpha}$も同様に次のように書ける．

$$\boldsymbol{a}'_{\alpha\alpha}=\frac{1}{6\pi a}\boldsymbol{I}+\frac{1}{6\pi a}\sum_{\beta=1(\neq\alpha)}^{N}\left\{-\frac{15}{4}\left(\frac{a}{r}\right)^4\boldsymbol{ee}+\left(\frac{a}{r}\right)^6\left(-\frac{17}{16}\boldsymbol{I}+\frac{105}{16}\boldsymbol{ee}\right)\right\} \tag{10.20}$$

ここに，$\boldsymbol{e}$は粒子中心点間を結ぶ単位ベクトルで，$\boldsymbol{e}=(\boldsymbol{r}_\beta-\boldsymbol{r}_\alpha)/r, r=|\boldsymbol{r}_\beta-\boldsymbol{r}_\alpha|$である．式 (10.19) および (10.20) は，2 粒子系のナビエ・ストークス方程式を解いて得られた結果において，高次の項を省略して得られたものであるから，粒子同士が接近した状態では適用できない．すなわち，潤滑効果が再現されないことに注意しなければならない．ゆえに，遠距離状態で有効な移動度テンソルであるということが言える．

さて，多粒子系を考えた場合，着目する粒子同士が離れている状況においては，第 3 の粒子がそれら 2 粒子の間に入る可能性は十分あり得る．この場合には，第 3 の粒子が 2 粒子間の流体力学的な相互作用を遮蔽する効果があることは明らかである．すなわち，第 3 の粒子が粒子間に存在することによって，一方の粒子が他方の粒子に及ぼす影響が減少することになる．

第 3 の粒子の存在による遮蔽効果は，イオンのような電荷を持った粒子の静電ポテンシャルの遮蔽として，よく知られた現象である．点電荷まわりの静電ポテンシャル$\phi(\boldsymbol{r})$が，

$$\phi(\boldsymbol{r})\propto 1/r \tag{10.21}$$

と書けることは，電磁気学の教えるところである．正負のイオンからなる系全体としては中性な溶液を考えた場合，局所的には正イオンのまわりに負イオンが引き寄せられて集まり，このことによって平均的には着目するイオンが作る

電界が遮蔽されることになる．Debye-Hückel の理論によれば，この場合の静電ポテンシャルの方程式は，次のようになる[9]．

$$\nabla^2 \phi(\boldsymbol{r}) = \kappa^2 \phi(\boldsymbol{r}) \tag{10.22}$$

この解は次のように書ける．

$$\phi(\boldsymbol{r}) \propto e^{-\kappa r}/r \tag{10.23}$$

式 (10.21) と (10.23) を比較すれば明らかなように，式 (10.23) で示した遮蔽効果を含んだ静電ポテンシャルの場合，rの増加に対して，ポテンシャルが急激にゼロに漸近する短距離型の静電ポテンシャルになったことがわかる．この場合の遮蔽効果の強弱を与えるのが定数κである．

遮蔽効果を考慮に入れたストークス方程式は，式 (10.22) と類似の形に書け，次のようになる[10]．

$$\eta(\nabla^2 - \kappa^2)\boldsymbol{u}(\boldsymbol{r}) = \nabla p(\boldsymbol{r}) - \boldsymbol{F}(\boldsymbol{r}') \tag{10.24}$$

流体の速度は次の連続の式を満足しなければならない．

$$\nabla \cdot \boldsymbol{u}(\boldsymbol{r}) = 0 \tag{10.25}$$

式 (10.24) において，$\boldsymbol{F}(\boldsymbol{r}')$ は位置$\boldsymbol{r}'$において粒子が流体に作用する単位体積当たりの力である．いま点粒子を原点に置いた場合を考えて，$\boldsymbol{F}(\boldsymbol{r}')$ を次のように表すと，

$$\boldsymbol{F}(\boldsymbol{r}') = \boldsymbol{F}_0 \delta(\boldsymbol{r}) \tag{10.26}$$

式 (10.24) は次のように書ける．

$$\eta(\nabla^2 - \kappa^2)\boldsymbol{u}(\boldsymbol{r}) = \nabla p(\boldsymbol{r}) - \boldsymbol{F}_0 \delta(\boldsymbol{r}) \tag{10.27}$$

式 (10.27) と (10.25) を解けば，遮蔽効果を考慮に入れた，力$\boldsymbol{F}_0$とそれによって位置$\boldsymbol{r}$に誘起される流速$\boldsymbol{u}(\boldsymbol{r})$との関係を得ることができる．

さて，第1巻「モンテカルロ・シミュレーション」の付録で示した「ディラックのデルタ関数とフーリエ積分」の公式や第2巻「分子動力学シミュレーショ

ン」の付録「フーリエ変換」で示した諸式を参考にすれば，式 (10.27) にフーリエ変換を施した式を次のように得ることができる．

$$-\eta(k^2+\kappa^2)\boldsymbol{J}(\boldsymbol{k}) = i\boldsymbol{k}P(\boldsymbol{k}) - \frac{1}{(2\pi)^{3/2}}\boldsymbol{F}_0 \tag{10.28}$$

ここに，$\boldsymbol{J}(\boldsymbol{k}), P(\boldsymbol{k})$ はそれぞれ$\boldsymbol{u}(\boldsymbol{r}), p(\boldsymbol{r})$ のフーリエ変換，i は虚数単位である．さらに，式 (10.25) に関してもフーリエ変換すると，次のようになる．

$$\boldsymbol{k}\cdot\boldsymbol{J}(\boldsymbol{k}) = 0 \tag{10.29}$$

ゆえに，式 (10.28) と (10.29) から $P(\boldsymbol{k})$ を求めて，それを式 (10.28) に代入整理すると，$\boldsymbol{J}(\boldsymbol{k})$ が次のように得られる．

$$\boldsymbol{J}(\boldsymbol{k}) = \frac{1}{\eta(k^2+\kappa^2)}\left(\boldsymbol{I} - \frac{\boldsymbol{kk}}{k^2}\right)\cdot\frac{\boldsymbol{F}_0}{(2\pi)^{3/2}} \tag{10.30}$$

したがって，この式を逆変換することにより，$\boldsymbol{u}(\boldsymbol{r})$ と$\boldsymbol{F}_0$との関係式が次のように得られる．

$$\boldsymbol{u}(\boldsymbol{r}) = \frac{1}{4\pi\eta r}\left\{e^{-\kappa r}(\boldsymbol{I}-\boldsymbol{ee}) + \left(\frac{e^{-\kappa r}}{\kappa r} + \frac{e^{-\kappa r}-1}{\kappa^2 r^2}\right)(\boldsymbol{I}-3\boldsymbol{ee})\right\}\cdot\boldsymbol{F}_0 \tag{10.31}$$

次にこの結果を，粒子βが位置$\boldsymbol{r}_\beta$にいてまわりの流体に力$\boldsymbol{F}_\beta$を及ぼしているときの，位置$\boldsymbol{r}_\alpha$に誘起される速度$\boldsymbol{v}_{\alpha(\beta)}$との関係に適用する．移動度テンソル$\boldsymbol{a}_{\alpha\beta}$を用いて次のように書くと，

$$\boldsymbol{v}_{\alpha(\beta)} = \frac{1}{\eta}\boldsymbol{a}_{\alpha\beta}\cdot\boldsymbol{F}_\beta \tag{10.32}$$

$\boldsymbol{a}_{\alpha\beta}$は式 (10.31) を用いて次のように表すことができる．

$$\begin{aligned}\boldsymbol{a}_{\alpha\beta} = \frac{1}{6\pi a}\cdot\frac{3a}{2r_{\beta\alpha}}\Biggl\{ & e^{-\kappa_2 r_{\beta\alpha}}(\boldsymbol{I}-\boldsymbol{ee}) \\ & + \left(\frac{e^{-\kappa_2 r_{\beta\alpha}}}{\kappa_2 r_{\beta\alpha}} + \frac{e^{-\kappa_2 r_{\beta\alpha}}-1}{\kappa_2^2 r_{\beta\alpha}^2}\right)(\boldsymbol{I}-3\boldsymbol{ee})\Biggr\}\end{aligned} \tag{10.33}$$

ただし，$\boldsymbol{e} = (\boldsymbol{r}_\beta - \boldsymbol{r}_\alpha)/r_{\beta\alpha}, r_{\beta\alpha} = |\boldsymbol{r}_\beta - \boldsymbol{r}_\alpha|, \kappa_2$は遮蔽効果を表す定数である．この式が遮蔽効果を考慮した粒子α,β間の実効移動度テンソルの表式であ

る．もし，$\kappa_2 \to 0$ なる極限を取るならば，式 (10.33) が高次の項を省略した式 (10.19) に一致することは容易に示すことができる．

$\boldsymbol{a}'_{\alpha\alpha}$に関しては，式 (10.20) を参考にして，次のように修正した式が用いられる[6)]．

$$\boldsymbol{a}'_{\alpha\alpha} = \frac{1}{6\pi a}\left(\boldsymbol{I} - \sum_{\beta=1(\neq\alpha)}^{N} \frac{15a^4}{4r^4} e^{-\kappa_1 r_{\beta\alpha}} \boldsymbol{ee}\right) \tag{10.34}$$

ここに，κ_1は遮蔽効果を示す第 2 の定数である．

式 (10.33),(10.34) において，二つの定数κ_1,κ_2を粒子の体積分率ϕ_vを用いて，$\phi_v \leq 0.45$ の領域に対して，$\kappa_1 = 0.25\phi_v$,$\kappa_2 = 8.5\phi_v + 400\phi_v^7$と取ると，実験で得られた拡散係数と理論値が非常によく一致することが指摘されている[6)]．

最後に式 (10.33) と (10.34) で示された，遮蔽効果を考慮した実効移動度テンソルに関する一般的な性質について述べる．式 (10.33),(10.34) と式 (10.19),(10,20) との対応関係から明らかなように，式 (10.33),(10.34) においては，高次の項が省略された形となっていることがわかる．したがって，これらの実効移動度テンソルは粒子同士が離れた状態に対して有効であり，粒子同士が接触状態に近くなると適用できなくなる．すなわち，潤滑効果はこれらの移動度テンソルでは再現されないことに注意しなければならない．したがって，非希釈コロイド分散系を対象とした場合，前節の概念を参考にして，次のような移動度行列を用いることが可能であると思われる．

$$\boldsymbol{M} = \boldsymbol{M}_{sc} + \boldsymbol{M}_{2B} - \boldsymbol{M}_{2B}^{\infty} \tag{10.35}$$

ここに，$\boldsymbol{M}_{sc}$は式 (10.33) と (10.34) で表された遮蔽効果を含んだ移動度テンソルからなる移動度行列，$\boldsymbol{M}_{2B}$は潤滑効果を再現するための 2 体相互作用の項，$\boldsymbol{M}_{2B}^{\infty}$は$\boldsymbol{M}_{2B}$に含まれている遠距離による相互作用を除くための項である．

文　献

1) P. Mazur and W. van Saarloos, "Many-Sphere Hydrodynamic Interactions and Mobilities in a Suspension", Physica A, 115(1982), 21.
2) W. van Saarloos and P. Mazur, "Many-Sphere Hydrodynamic Interactions. II. Mobilities at Finite Frequencies", Physica A, 120(1983), 77.
3) O.A. Ladyzhenskaya, "The Mathematical Theory of Viscous Incompressible Flow", Gordon & Breach (1963).
4) L. Durlofsky, et al., "Dynamic Simulation of Hydrodynamically Interacting Particles", J. Fluid Mech., 180(1987), 21.
5) G.K. Batchelor and J.T. Green, "The Hydrodynamic Interaction of Two Small Freely-Moving Spheres in a Linear Flow Field", J. Fluid Mech., 56(1972), 375.
6) I. Snook, et al., "Diffusion in Concentrated Hard Sphere Dispersions: Effective Two Particle Mobility Tensors", J. Chem. Phys., 78(1983), 5825.
7) W. van Megen and I. Snook, "Brownian-Dynamics Simulation of Concentrated Charge-Stabilized Dispersions", J. Chem. Soc., Faraday Trans. II, 80(1984), 383.
8) W. van Megen and I. Snook, "Dynamic Computer Simulation of Concentrated Dispersions", J. Chem. Phys., 88(1988), 1185.
9) 市村　浩, "統計力学", 裳華房 (1971).
10) S.A. Adelman, "Hydrodynamic Screening and Viscous Drag at Finite Concentration", J. Chem. Phys., 68(1978), 49.

A1

テンソル解析

テンソルに関する有用な公式をまとめて示す[1]．なお，ここでは直交座標系を対象とし，太字体のアルファベットの小文字はベクトル量を，太字体のアルファベットの大文字は2階のテンソル量を，太字体のギリシャ文字は高階のテンソル量を表すものとする．

直交座標系の基本ベクトルを$\boldsymbol{\delta}_1, \boldsymbol{\delta}_2, \boldsymbol{\delta}_3$で表すことにすると，任意のベクトル$\boldsymbol{a} = (a_1, a_2, a_3)$が次のように書けることはベクトル解析の教えるところである．

$$\boldsymbol{a} = a_1\boldsymbol{\delta}_1 + a_2\boldsymbol{\delta}_2 + a_3\boldsymbol{\delta}_3 \tag{A1.1}$$

さて，次に定義するベクトル$\boldsymbol{a}, \boldsymbol{b}$のディアディック積 (dyadic product) は2階のテンソル量である．

$$\boldsymbol{ab} = \begin{bmatrix} a_1b_1 & a_1b_2 & a_1b_3 \\ a_2b_1 & a_2b_2 & a_2b_3 \\ a_3b_1 & a_3b_2 & a_3b_3 \end{bmatrix} = \sum_{i=1}^{N}\sum_{j=1}^{N} a_ib_j\boldsymbol{\delta}_i\boldsymbol{\delta}_j \tag{A1.2}$$

式 (A1.1) との対応関係から，テンソル$\boldsymbol{ab}$のij成分がa_ib_jであることがわかる．なお，式 (A1.2) における$\boldsymbol{\delta}_i\boldsymbol{\delta}_j$は，例えば$\boldsymbol{\delta}_1\boldsymbol{\delta}_2$の場合，次のようになる．

$$\boldsymbol{\delta}_1\boldsymbol{\delta}_2 = \begin{bmatrix} 0 & 1 & 0 \\ 0 & 0 & 0 \\ 0 & 0 & 0 \end{bmatrix} \tag{A1.3}$$

ゆえに，a_ib_jがテンソル$\boldsymbol{ab}$のij成分としたことと符合する．一般のテンソル$\boldsymbol{T}$

は成分表示で次のように表せる.

$$\boldsymbol{T} = \sum_{i=1}^{3}\sum_{j=1}^{3} T_{ij}\boldsymbol{\delta}_i\boldsymbol{\delta}_j \tag{A1.4}$$

2 階のテンソル$\boldsymbol{S}$と$\boldsymbol{T}$との積は次の二通りがある.

$$\boldsymbol{S}\cdot\boldsymbol{T} = \sum_{i=1}^{3}\sum_{j=1}^{3}\left(\sum_{k=1}^{3} S_{ik}T_{kj}\right)\boldsymbol{\delta}_i\boldsymbol{\delta}_j \tag{A1.5}$$

$$\boldsymbol{S}:\boldsymbol{T} = \sum_{i=1}^{3}\sum_{j=1}^{3} S_{ij}T_{ji} \tag{A1.6}$$

$\boldsymbol{S}\cdot\boldsymbol{T}$は 2 階のテンソル量に, $\boldsymbol{S}:\boldsymbol{T}$はスカラー量になる. ベクトル$\boldsymbol{a}$とテンソル$\boldsymbol{T}$との積は次のようになる.

$$\boldsymbol{T}\cdot\boldsymbol{a} = \sum_{i=1}^{3}\left(\sum_{j=1}^{3} T_{ij}a_j\right)\boldsymbol{\delta}_i \tag{A1.7}$$

$$\boldsymbol{a}\cdot\boldsymbol{T} = \sum_{i=1}^{3}\left(\sum_{j=1}^{3} a_jT_{ji}\right)\boldsymbol{\delta}_i \tag{A1.8}$$

したがって, $\boldsymbol{T}$が対称テンソルでない限り, $\boldsymbol{T}\cdot\boldsymbol{a}$と$\boldsymbol{a}\cdot\boldsymbol{T}$は等しくならない.

以上のベクトルとテンソルの演算の公式をまとめて示すと次のようになる.

$$\left.\begin{aligned}
(\boldsymbol{ab})\cdot\boldsymbol{c} &= \boldsymbol{a}(\boldsymbol{b}\cdot\boldsymbol{c})\\
\boldsymbol{a}\cdot(\boldsymbol{bc}) &= (\boldsymbol{a}\cdot\boldsymbol{b})\boldsymbol{c}\\
\boldsymbol{ab}:\boldsymbol{cd} &= \boldsymbol{ac}:\boldsymbol{bd} = (\boldsymbol{a}\cdot\boldsymbol{d})(\boldsymbol{b}\cdot\boldsymbol{c})\\
\boldsymbol{T}:\boldsymbol{ab} &= (\boldsymbol{T}\cdot\boldsymbol{a})\cdot\boldsymbol{b}\\
\boldsymbol{ab}:\boldsymbol{T} &= \boldsymbol{a}\cdot(\boldsymbol{b}\cdot\boldsymbol{T})\\
\boldsymbol{a}(\boldsymbol{b}\cdot\boldsymbol{T}) &= (\boldsymbol{ab})\cdot\boldsymbol{T}\\
(\boldsymbol{T}\cdot\boldsymbol{a})\boldsymbol{b} &= \boldsymbol{T}\cdot(\boldsymbol{ab})\\
(\boldsymbol{T}\cdot\boldsymbol{a})(\boldsymbol{b}\cdot\boldsymbol{S}) &= \boldsymbol{T}\cdot(\boldsymbol{ab})\cdot\boldsymbol{S}
\end{aligned}\right\} \tag{A1.9}$$

次式で示すEddingtonのイプシロンもしくはLevi–Civitaテンソルと呼ばれる3階のテンソル$\boldsymbol{\varepsilon}$(ijk成分はε_{ijk})を用いると，

$$\varepsilon_{ijk} = \left\{ \begin{array}{ll} 1 & (\text{for } (i,j,k) = (1,2,3),(2,3,1),(3,1,2)) \\ -1 & (\text{for } (i,j,k) = (3,2,1),(2,1,3),(1,3,2)) \\ 0 & (\text{for the other cases}) \end{array} \right\} \tag{A1.10}$$

ベクトル$\boldsymbol{a}$と$\boldsymbol{b}$のベクトル積$\boldsymbol{a} \times \boldsymbol{b}$は次のように書ける．

$$\boldsymbol{a} \times \boldsymbol{b} = \begin{vmatrix} \boldsymbol{\delta}_1 & \boldsymbol{\delta}_2 & \boldsymbol{\delta}_3 \\ a_1 & a_2 & a_3 \\ b_1 & b_2 & b_3 \end{vmatrix} = \sum_{i=1}^{3} \left(\sum_{j=1}^{3} \sum_{jk=1}^{3} \varepsilon_{ijk} a_j b_k \right) \boldsymbol{\delta}_i$$

$$= \boldsymbol{\varepsilon} : \boldsymbol{ba} = -\boldsymbol{\varepsilon} : \boldsymbol{ab} \tag{A1.11}$$

ここに，3階のテンソル$\boldsymbol{\sigma}$と2階のテンソル$\boldsymbol{T}$との積は，式(A1.6)の拡張として，次のように定義される．

$$\boldsymbol{\sigma} : \boldsymbol{T} = \sum_{i=1}^{3} \left(\sum_{j=1}^{3} \sum_{k=1}^{3} \sigma_{ijk} T_{kj} \right) \boldsymbol{\delta}_i \tag{A1.12}$$

$$\boldsymbol{T} : \boldsymbol{\sigma} = \sum_{i=1}^{3} \left(\sum_{j=1}^{3} \sum_{k=1}^{3} T_{jk} \sigma_{kji} \right) \boldsymbol{\delta}_i \tag{A1.13}$$

さて，式(A1.6)に相当する3階のテンソル$\boldsymbol{\sigma}$と$\boldsymbol{\tau}$との積を示せば次のようになる．

$$\boldsymbol{\sigma} \vdots \boldsymbol{\tau} = \sum_{i=1}^{3} \sum_{j=1}^{3} \sum_{k=1}^{3} \sigma_{ijk} \tau_{kji} \tag{A1.14}$$

次にベクトルとテンソルが位置$\boldsymbol{r}$の関数として，その微分公式に関して示す．まず，ナブラ演算子∇に関する基本的な公式を示すと次のようになる．

$$\nabla \boldsymbol{a} = \sum_{i=1}^{3} \sum_{j=1}^{3} \frac{\partial a_j}{\partial x_i} \boldsymbol{\delta}_i \boldsymbol{\delta}_j \tag{A1.15}$$

ここに，$(x_1, x_2, x_3) = (x, y, z)$ であることに注意されたい．さらに，一般的な公式を示すと次のようになる．

$$\nabla \cdot \boldsymbol{T} = \sum_{i=1}^{3} \left(\sum_{j=1}^{3} \frac{\partial T_{ji}}{\partial x_j} \right) \boldsymbol{\delta}_i \tag{A1.16}$$

$$\left. \begin{aligned} \nabla \cdot (\boldsymbol{ab}) &= \boldsymbol{a} \cdot \nabla \boldsymbol{b} + \boldsymbol{b}(\nabla \cdot \boldsymbol{a}) \\ \boldsymbol{ab} : \nabla \boldsymbol{c} &= \boldsymbol{a} \cdot (\boldsymbol{b} \cdot \nabla) \boldsymbol{c} \end{aligned} \right\} \tag{A1.17}$$

位置$\boldsymbol{r}$の関数であるベクトル$\boldsymbol{a}(\boldsymbol{r})$を原点のまわりにテイラー級数展開すると次のように表すことができる．

$$\begin{aligned} \boldsymbol{a}(\boldsymbol{r}) = \boldsymbol{a}_0 + \boldsymbol{r} \cdot \nabla \boldsymbol{a} + \frac{1}{2!}(\boldsymbol{rr} : \nabla\nabla \boldsymbol{a}) \\ + \frac{1}{3!}(\boldsymbol{rrr} \vdots \nabla\nabla\nabla \boldsymbol{a}) + \cdots \end{aligned} \tag{A1.18}$$

ここに，$\boldsymbol{a}_0$は原点での$\boldsymbol{a}$の値，$\nabla \boldsymbol{a}$や $\nabla\nabla \boldsymbol{a}$などは微分後$\boldsymbol{r} = 0$での値を用いる．

最後に位置$\boldsymbol{r}$の関数である 2 階のテンソル量$\boldsymbol{T}$に関する発散定理とストークスの定理を示すと次のようになる．

$$\int_V (\nabla \cdot \boldsymbol{T})\, dV = \int_S (\boldsymbol{n} \cdot \boldsymbol{T})\, dS \tag{A1.19}$$

$$\int_S \boldsymbol{n} \cdot (\nabla \times \boldsymbol{T})\, dS = \oint_C (\boldsymbol{t} \cdot \boldsymbol{T})\, dC \tag{A1.20}$$

ここに，$\boldsymbol{n}$は体積領域Vの表面Sから外向きに取った微小面dSに垂直な単位ベクトル，$\boldsymbol{t}$は表面Sの境界線Cに接する単位ベクトルである．

文　　献

1) R. B. Bird, et al.,"Dynamics of Polymeric Liquids, Vol.1, Fluid Mechanics", Appendix A, John Wiley & Sons, New York (1977).

A2

球状粒子の抵抗関数と移動度関数の表式

第 3.3.5 項で示した以外の抵抗関数と移動度関数の表式[1)]を示す．第 3.3.5 項と同様に，表式においては，$\xi=(r_{21}/a-2)=(s-2)$ なる記号が共通の変数として用いられている．

A2. 1　抵抗関数の表式

A2. 1. 1　抵抗関数 $Y^B_{\alpha\beta}$ の表式

ほぼ接触状態に対して，

$$\left.\begin{aligned} Y^B_{11} &= 4\pi a^2\left\{-\frac{1}{4}\ln\xi^{-1}+0.2390-\frac{1}{8}\xi\ln\xi^{-1}\right\} \\ Y^B_{12} &= -4\pi a^2\left\{-\frac{1}{4}\ln\xi^{-1}+0.0017-\frac{1}{8}\xi\ln\xi^{-1}\right\} \end{aligned}\right\} \tag{A2.1}$$

接触状態から十分離れた状態に対して，

$$Y^B_{11}=4\pi a^2\sum_{k=0}^{\infty}\left(\frac{1}{2s}\right)^{2k+1}f^Y_{2k+1}\ ,\quad Y^B_{12}=-4\pi a^2\sum_{k=0}^{\infty}\left(\frac{1}{2s}\right)^{2k}f^Y_{2k} \tag{A2.2}$$

ただし，

$$\left.\begin{gathered} f^Y_0=f^Y_1=0,\ f^Y_2=-6,\ f^Y_3=-9,\ f^Y_4=-27/2,\ f^Y_5=-273/4, \\ f^Y_6=-1683/8,\ f^Y_7=-17625/16,\ f^Y_8=-129003/32, \\ f^Y_9=-1017825/64,\ f^Y_{10}=-7087107/128,\ f^Y_{11}=-47478057/256 \end{gathered}\right\} \tag{A2.3}$$

A2.1.2　抵抗関数 $X^C_{\alpha\beta}$ と $Y^C_{\alpha\beta}$ の表式

ほぼ接触状態に対して，

$$\left.\begin{aligned} X^C_{11} &= 8\pi a^3\left\{\frac{1}{8}\zeta(3,\frac{1}{2}) - \frac{1}{8}\xi\ln\xi^{-1}\right\} \\ X^C_{12} &= -8\pi a^3\left\{\frac{1}{8}\zeta(3,1) - \frac{1}{8}\xi\ln\xi^{-1}\right\} \end{aligned}\right\} \quad \text{(A2.4)}$$

$$\left.\begin{aligned} Y^C_{11} &= 8\pi a^3\left\{\frac{1}{5}\ln\xi^{-1} + 0.7028 + \frac{47}{250}\xi\ln\xi^{-1}\right\} \\ Y^C_{12} &= 8\pi a^3\left\{\frac{1}{20}\ln\xi^{-1} - 0.0274 + \frac{31}{250}\xi\ln\xi^{-1}\right\} \end{aligned}\right\} \quad \text{(A2.5)}$$

ここに，リーマンのツェータ関数 (Riemann zeta function) $\zeta(x,y)$ の定義式は次のとおりである.

$$\zeta(x,y) = \sum_{k=0}^{\infty}(k+y)^{-x} \quad \text{(A2.6)}$$

接触状態から十分離れた状態に対して，

$$X^C_{11} = 8\pi a^3\sum_{k=0}^{\infty}\left(\frac{1}{2s}\right)^{2k} f^X_{2k}\,,\quad X^C_{12} = -8\pi a^3\sum_{k=0}^{\infty}\left(\frac{1}{2s}\right)^{2k+1} f^X_{2k+1} \quad \text{(A2.7)}$$

$$Y^C_{11} = 8\pi a^3\sum_{k=0}^{\infty}\left(\frac{1}{2s}\right)^{2k} f^Y_{2k}\,,\quad Y^C_{12} = 8\pi a^3\sum_{k=0}^{\infty}\left(\frac{1}{2s}\right)^{2k+1} f^Y_{2k+1} \quad \text{(A2.8)}$$

ただし，

$$\left.\begin{aligned} &f^X_0 = 1,\ f^X_1 = f^X_2 = 0,\ f^X_3 = 8,\ f^X_4 = f^X_5 = 0,\ f^X_6 = 64,\ f^X_7 = 0, \\ &f^X_8 = 768,\ f^X_9 = 512,\ f^X_{10} = 6144,\ f^X_{11} = 12288 \end{aligned}\right\} \quad \text{(A2.9)}$$

$$\left.\begin{aligned} &f^Y_0 = 1,\ f^Y_1 = f^Y_2 = 0,\ f^Y_3 = 4,\ f^Y_4 = 12,\ f^Y_5 = 18, \\ &f^Y_6 = 283,\ f^Y_7 = 369/2,\ f^Y_8 = 11955/4, \\ &f^Y_9 = 5945/8,\ f^Y_{10} = 511755/16,\ f^Y_{11} = 448833/32 \end{aligned}\right\} \quad \text{(A2.10)}$$

A2.1.3 抵抗関数 $X^G_{\alpha\beta}$ と $Y^G_{\alpha\beta}$ の表式

ほぼ接触状態に対して，

$$\left.\begin{aligned} X^G_{11} &= 4\pi a^2 \left\{ \frac{3}{8}\xi^{-1} + \frac{27}{80}\ln\xi^{-1} - 0.469 + \frac{117}{560}\xi\ln\xi^{-1} + O(\xi) \right\} \\ X^G_{12} &= -4\pi a^2 \left\{ \frac{3}{8}\xi^{-1} + \frac{27}{80}\ln\xi^{-1} - 0.195 + \frac{117}{560}\xi\ln\xi^{-1} + O(\xi) \right\} \end{aligned}\right\} \quad \text{(A2.11)}$$

$$\left.\begin{aligned} Y^G_{11} &= 4\pi a^2 \left\{ \frac{1}{8}\ln\xi^{-1} - 0.142 + \frac{1}{16}\xi\ln\xi^{-1} + O(\xi) \right\} \\ Y^G_{12} &= -4\pi a^2 \left\{ \frac{1}{8}\ln\xi^{-1} - 0.103 + \frac{1}{16}\xi\ln\xi^{-1} + O(\xi) \right\} \end{aligned}\right\} \quad \text{(A2.12)}$$

接触状態から十分離れた状態に対して，

$$X^G_{11} = 4\pi a^2 \sum_{k=0}^{\infty} \left(\frac{1}{2s}\right)^{2k+1} f^X_{2k+1}, \quad X^G_{12} = -4\pi a^2 \sum_{k=0}^{\infty} \left(\frac{1}{2s}\right)^{2k} f^X_{2k} \quad \text{(A2.13)}$$

$$Y^G_{11} = 4\pi a^2 \sum_{k=0}^{\infty} \left(\frac{1}{2s}\right)^{2k+1} f^Y_{2k+1}, \quad Y^G_{12} = -4\pi a^2 \sum_{k=0}^{\infty} \left(\frac{1}{2s}\right)^{2k} f^Y_{2k} \quad \text{(A2.14)}$$

ただし，

$$\left.\begin{aligned} &f^X_0 = f^X_1 = 0,\ f^X_2 = 15,\ f^X_3 = 45,\ f^X_4 = 39,\ f^X_5 = 597, \\ &f^X_6 = 2331,\ f^X_7 = 6021,\ f^X_8 = 34347, \\ &f^X_9 = 101205,\ f^X_{10} = 458859,\ f^X_{11} = 1886037 \end{aligned}\right\} \quad \text{(A2.15)}$$

$$\left.\begin{aligned} &f^Y_0 = f^Y_1 = f^Y_2 = f^Y_3 = 0,\ f^Y_4 = 32,\ f^Y_5 = 108,\ f^Y_6 = 162,\ f^Y_7 = 531, \\ &f^Y_8 = 1305/2,\ f^Y_9 = 2475/4,\ f^Y_{10} = 81697/8,\ f^Y_{11} = 936379/16 \end{aligned}\right\} \quad \text{(A2.16)}$$

A2.1.4 抵抗関数 $Y^H_{\alpha\beta}$ の表式

ほぼ接触状態に対して，

$$\left.\begin{aligned} Y^H_{11} &= 8\pi a^3 \left\{ \frac{1}{40}\ln\xi^{-1} - 0.074 + \frac{137}{2000}\xi\ln\xi^{-1} + O(\xi) \right\} \\ Y^H_{12} &= 8\pi a^3 \left\{ \frac{1}{10}\ln\xi^{-1} - 0.030 + \frac{113}{2000}\xi\ln\xi^{-1} + O(\xi) \right\} \end{aligned}\right\} \quad \text{(A2.17)}$$

接触状態から十分離れた状態に対して，

$$Y_{11}^{H} = 8\pi a^3 \sum_{k=0}^{\infty} \left(\frac{1}{2s}\right)^{2k} f_{2k}^{Y}\ , \quad Y_{12}^{H} = 8\pi a^3 \sum_{k=0}^{\infty} \left(\frac{1}{2s}\right)^{2k+1} f_{2k+1}^{Y} \tag{A2.18}$$

ただし，

$$\left.\begin{array}{c} f_0^Y = f_1^Y = f_2^Y = 0,\ f_3^Y = 10,\ f_4^Y = f_5^Y = 0,\ f_6^Y = -96,\ f_7^Y = 216, \\ f_8^Y = 324,\ f_9^Y = 7078,\ f_{10}^Y = 14969,\ f_{11}^Y = 196299/2 \end{array}\right\} \tag{A2.19}$$

A2.1.5　抵抗関数 $X_{\alpha\beta}^{K}, Y_{\alpha\beta}^{K}$ および $Z_{\alpha\beta}^{K}$ の表式

ほぼ接触状態に対して，

$$\left.\begin{array}{l} X_{11}^{K} = \dfrac{20}{3}\pi a^3 \left\{\dfrac{3}{20}\xi^{-1} + \dfrac{27}{200}\ln\xi^{-1} + K_{11}^{X} + \dfrac{353}{2800}\xi\ln\xi^{-1} + O(\xi)\right\} \\ X_{12}^{K} = \dfrac{20}{3}\pi a^3 \left\{\dfrac{3}{20}\xi^{-1} + \dfrac{27}{200}\ln\xi^{-1} + K_{12}^{X} + \dfrac{493}{2800}\xi\ln\xi^{-1} + O(\xi)\right\} \end{array}\right\} \tag{A2.20}$$

$$\left.\begin{array}{l} Y_{11}^{K} = \dfrac{20}{3}\pi a^3 \left\{\dfrac{3}{25}\ln\xi^{-1} + K_{11}^{Y} + \dfrac{57}{2500}\xi\ln\xi^{-1} + O(\xi)\right\} \\ Y_{12}^{K} = \dfrac{20}{3}\pi a^3 \left\{\dfrac{3}{100}\ln\xi^{-1} + K_{12}^{Y} + \dfrac{159}{1250}\xi\ln\xi^{-1} + O(\xi)\right\} \end{array}\right\} \tag{A2.21}$$

ただし，

$$K_{11}^{X} + K_{12}^{X} = 0.5712\ , \quad K_{11}^{Y} + K_{12}^{Y} = 0.6760 \tag{A2.22}$$

接触状態から十分離れた状態に対して，

$$X_{11}^{K} = \frac{20}{3}\pi a^3 \sum_{k=0}^{\infty} \left(\frac{1}{2s}\right)^{2k} f_{2k}^{X}\ , \quad X_{12}^{K} = \frac{20}{3}\pi a^3 \sum_{k=0}^{\infty} \left(\frac{1}{2s}\right)^{2k+1} f_{2k+1}^{X} \tag{A2.23}$$

$$Y_{11}^{K} = \frac{20}{3}\pi a^3 \sum_{k=0}^{\infty} \left(\frac{1}{2s}\right)^{2k} f_{2k}^{Y}\ , \quad Y_{12}^{K} = \frac{20}{3}\pi a^3 \sum_{k=0}^{\infty} \left(\frac{1}{2s}\right)^{2k+1} f_{2k+1}^{Y} \tag{A2.24}$$

ただし,

$$\left.\begin{array}{c} f_0^X=1,\ f_1^X=f_2^X=0,\ f_3^X=40,\ f_4^X=60,\ f_5^X=-204, \\ f_6^X=1372,\ f_7^X=3636,\ f_8^X=9765.6, \\ f_9^X=65600.8,\ f_{10}^X=93746.4,\ f_{11}^X=873626.4 \end{array}\right\} \quad (A2.25)$$

$$\left.\begin{array}{c} f_0^Y=1,\ f_1^Y=f_2^Y=0,\ f_3^Y=-20,\ f_4^Y=0,\ f_5^Y=256, \\ f_6^Y=640,\ f_7^Y=0,\ f_8^Y=2099.2, \\ f_9^Y=-12339.2,\ f_{10}^Y=-33676.8,\ f_{11}^Y=-126134.4 \end{array}\right\} \quad (A2.26)$$

なお,$Z_{\alpha\beta}^K$は式 (3.81) の関係から後に示す z_α^kの値をほぼそのまま使える.

A2.2 移動度関数の表式

A2.2.1 移動度関数 $y_{\alpha\beta}^b$の表式

球同士がほぼ接触状態に対して,

$$\left.\begin{array}{l} (4\pi a^2)y_{11}^b=\dfrac{0.13368(\ln\xi^{-1})^2+0.19945\ln\xi^{-1}-0.79238}{(\ln\xi^{-1})^2+6.04250\ln\xi^{-1}+6.32549} \\ \qquad +O(\xi\ln\xi) \\ (4\pi a^2)y_{12}^b=\dfrac{-0.13368(\ln\xi^{-1})^2-0.92720\ln\xi^{-1}-0.18805}{(\ln\xi^{-1})^2+6.04250\ln\xi^{-1}+6.32549} \\ \qquad +O(\xi\ln\xi) \end{array}\right\} \quad (A2.27)$$

球同士が接触状態から十分離れた状態に対して,

$$\left.\begin{array}{l} y_{11}^b=(4\pi a^2)^{-1}\displaystyle\sum_{k=0}^{\infty}\left(\frac{1}{2s}\right)^{2k+1}f_{2k+1}^y \\ y_{12}^b=(4\pi a^2)^{-1}\displaystyle\sum_{k=0}^{\infty}\left(\frac{1}{2s}\right)^{2k}f_{2k}^y \end{array}\right\} \quad (A2.28)$$

ただし,

$$\left.\begin{array}{c} f_0^y=f_1^y=0,\ f_2^y=-2,\ f_3^y=f_4^y=f_5^y=f_6^y=0,\ f_7^y=208, \\ f_8^y=0,\ f_9^y=2432,\ f_{10}^y=-1280,\ f_{11}^y=22272 \end{array}\right\} \quad (A2.29)$$

A2.2.2 移動度関数 $x^c_{\alpha\beta}$ と $y^c_{\alpha\beta}$ の表式

球同士がほぼ接触状態に対して，

$$\left.\begin{aligned}(8\pi a^3)y^c_{11} &= \frac{0.26736(\ln\xi^{-1})^2 + 5.60896\ln\xi^{-1} + 9.28111}{(\ln\xi^{-1})^2 + 6.04250\ln\xi^{-1} + 6.32549}\\ (8\pi a^3)y^c_{12} &= \frac{0.26736(\ln\xi^{-1})^2 - 1.05770\ln\xi^{-1} + 0.29981}{(\ln\xi^{-1})^2 + 6.04250\ln\xi^{-1} + 6.32549}\end{aligned}\right\} \quad \text{(A2.30)}$$

ただし，$x^c_{\alpha\beta}$ は $X^c_{\alpha\beta}$ の値を用いて式 (3.76) より求める．

球同士が接触状態から十分離れた状態に対して，

$$x^c_{11} = (8\pi a^3)^{-1}\sum_{k=0}^{\infty}\left(\frac{1}{s}\right)^{2k} f^x_{2k}\ , \quad x^c_{12} = (8\pi a^3)^{-1}\sum_{k=0}^{\infty}\left(\frac{1}{s}\right)^{2k+1} f^x_{2k+1} \quad \text{(A2.31)}$$

$$y^c_{11} = (8\pi a^3)^{-1}\sum_{k=0}^{\infty}\left(\frac{1}{2s}\right)^{2k} f^y_{2k}\ , \quad y^c_{12} = (8\pi a^3)^{-1}\sum_{k=0}^{\infty}\left(\frac{1}{2s}\right)^{2k+1} f^y_{2k+1} \quad \text{(A2.32)}$$

ただし，

$$\left.\begin{aligned}&f^x_0 = 1,\ f^x_1 = f^x_2 = 0,\ f^x_3 = 1,\ f^x_4 = f^x_5 = f^x_6 = f^x_7 = 0,\\ &f^x_8 = -3,\ f^x_9 = 0,\ f^x_{10} = -6,\ f^x_{11} = 0\end{aligned}\right\} \quad \text{(A2.33)}$$

$$\left.\begin{aligned}&f^y_0 = 1,\ f^y_1 = f^y_2 = 0,\ f^y_3 = -4,\ f^y_4 = f^y_5 = 0,\ f^y_6 = -240,\ f^y_7 = 0,\\ &f^y_8 = -2496,\ f^y_9 = 4800,\ f^y_{10} = -18432,\ f^y_{11} = 61440\end{aligned}\right\} \quad \text{(A2.34)}$$

A2.2.3 移動度関数 $x^g_{\alpha\beta}$ と $y^g_{\alpha\beta}$ の表式

球同士がほぼ接触状態に対して，

$$x^g_{11} = 2a(0.1792 - 0.8703\xi)\ , \quad x^g_{12} = 2a(-0.3208 + 0.9184\xi) \quad \text{(A2.35)}$$

$$\left.\begin{aligned} y_{11}^g &= 2a\frac{0.0145(\ln\xi^{-1})^2+0.0786\ln\xi^{-1}-0.3193}{(\ln\xi^{-1})^2+6.04250\ln\xi^{-1}+6.32549}+O(\xi\ln\xi) \\ y_{12}^g &= 2a\frac{-0.0869(\ln\xi^{-1})^2-0.2956\ln\xi^{-1}+0.1584}{(\ln\xi^{-1})^2+6.04250\ln\xi^{-1}+6.32549}+O(\xi\ln\xi) \end{aligned}\right\} \tag{A2.36}$$

球同士が接触状態から十分離れた状態に対して，

$$x_{11}^g = 2a\sum_{k=0}^{\infty}\left(\frac{1}{2s}\right)^{2k+1} f_{2k+1}^x\,,\quad x_{12}^g = -2a\sum_{k=0}^{\infty}\left(\frac{1}{2s}\right)^{2k} f_{2k}^x \tag{A2.37}$$

$$y_{11}^g = 2a\sum_{k=0}^{\infty}\left(\frac{1}{2s}\right)^{2k+1} f_{2k+1}^y\,,\quad y_{12}^g = -2a\sum_{k=0}^{\infty}\left(\frac{1}{2s}\right)^{2k} f_{2k}^y \tag{A2.38}$$

ただし，

$$\left.\begin{aligned} & f_0^x = f_1^x = 0,\ f_2^x = 5,\ f_3^x = 0,\ f_4^x = -32,\ f_5^x = 200,\ f_6^x = 0, \\ & f_7^x = -1120,\ f_8^x = 8000,\ f_9^x = -13056,\ f_{10}^x = 3200,\ f_{11}^x = 220160 \end{aligned}\right\} \tag{A2.39}$$

$$\left.\begin{aligned} & f_0^y = f_1^y = f_2^y = f_3^y = 0,\ f_4^y = 32/3,\ f_5^y = f_6^y = 0,\ f_7^y = 160/3, \\ & f_8^y = 0,\ f_9^y = -768,\ f_{10}^y = -3200/3,\ f_{11}^y = -3072 \end{aligned}\right\} \tag{A2.40}$$

A2.2.4　移動度関数 $y_{\alpha\beta}^h$ の表式

球同士がほぼ接触状態に対して，

$$\left.\begin{aligned} y_{11}^h &= \frac{-0.1014(\ln\xi^{-1})^2+0.0764\ln\xi^{-1}-0.7905}{(\ln\xi^{-1})^2+6.04250\ln\xi^{-1}+6.32549}+O(\xi\ln\xi) \\ y_{12}^h &= \frac{0.3986(\ln\xi^{-1})^2+1.0762\ln\xi^{-1}-0.3510}{(\ln\xi^{-1})^2+6.04250\ln\xi^{-1}+6.32549}+O(\xi\ln\xi) \end{aligned}\right\} \tag{A2.41}$$

球同士が接触状態から十分離れた状態に対して，

$$y_{11}^h = \sum_{k=0}^{\infty}\left(\frac{1}{2s}\right)^{2k} f_{2k}^y\,,\quad y_{12}^h = \sum_{k=0}^{\infty}\left(\frac{1}{2s}\right)^{2k+1} f_{2k+1}^y \tag{A2.42}$$

ただし，

$$\left.\begin{aligned} &f_0^y = f_1^y = f_2^y = 0,\ f_3^y = 10,\ f_4^y = f_5^y = 0,\ f_6^y = -200, \\ &f_7^y = f_8^y = 0,\ f_9^y = 4000,\ f_{10}^y = 12800,\ f_{11}^y = 64000 \end{aligned}\right\} \tag{A2.43}$$

A2.2.5　移動度関数 x_α^k, y_α^k および z_α^k の表式

球同士がほぼ接触状態に対して，

$$\left.\begin{aligned} x_1^k &= -\frac{20}{3}\pi a^3(1.910 - 3.85\xi) \\ y_1^k &= -\frac{20}{3}\pi a^3 \frac{1.1456(\ln\xi^{-1})^2 + 6.1694\ln\xi^{-1} + 3.7112}{(\ln\xi^{-1})^2 + 6.04250\ln\xi^{-1} + 6.32549} \\ &\quad + O(\xi(\ln\xi)^3) \\ z_1^k &= -\frac{20}{3}\pi a^3(0.9527 + 0.0914\xi - 0.081\xi^2) \end{aligned}\right\} \tag{A2.44}$$

球同士が接触状態から十分離れた状態に対して，

$$x_1^k = -\frac{20}{3}\pi a^3 \sum_{l=0}^{\infty}\left(\frac{1}{2s}\right)^l f_l^x, \quad y_1^k = -\frac{20}{3}\pi a^3 \sum_{l=0}^{\infty}\left(\frac{1}{2s}\right)^l f_l^y,$$
$$z_1^k = -\frac{20}{3}\pi a^3 \sum_{l=0}^{\infty}\left(\frac{1}{2s}\right)^l f_l^z \tag{A2.45}$$

ただし，

$$\left.\begin{aligned} &f_0^x = 1,\ f_1^x = f_2^x = 0,\ f_3^x = 40,\ f_4^x = 0,\ f_5^x = -384,\ f_6^x = 1600, \\ &f_7^x = 0,\ f_8^x = -5760,\ f_9^x = 64000,\ f_{10}^x = -135168,\ f_{11}^x = 153600 \end{aligned}\right\} \tag{A2.46}$$

$$\left.\begin{aligned} &f_0^y = 1,\ f_1^y = f_2^y = 0,\ f_3^y = -20,\ f_4^y = 0, \\ &f_5^y = 256,\ f_6^y = 400,\ f_7^y = 0,\ f_8^y = 1280, \\ &f_9^y = -39998/5,\ f_{10}^y = -43008,\ f_{11}^y = -767988/5 \end{aligned}\right\} \tag{A2.47}$$

$$\left.\begin{aligned} &f_0^z = 1,\ f_1^z = f_2^z = f_3^z = f_4^z = 0,\ f_5^z = -64,\ f_6^z = f_7^z = 0, \\ &f_8^z = 800,\ f_9^z = 0,\ f_{10}^z = 3072,\ f_{11}^z = 0 \end{aligned}\right\} \tag{A2.48}$$

文　　献

1) S. Kim and S.J. Karrila, "Microhydrodynamics, Principles & Selected Applications", Butterworth-Heinemann, Stoneham (1991).

A3

円柱状粒子の拡散係数

球や回転楕円体についで有用な粒子モデルとして円柱状粒子がある．ここでは円柱状粒子の拡散係数の近似式を示す．なお，摩擦係数と拡散係数との関係が，円柱状粒子に対しても式 (7.60) と (7.64) で表されること，さらに，拡散行列と移動度行列との関係が式 (7.77) で表されることに注意されたい．

単一の円柱状粒子が流体中を運動する場合，第 5.2 節で示した回転楕円体粒子と同様に，運動は重心に関する並進運動と回転運動に分解できる．さらに，並進運動の場合には，軸に平行な方向の運動と垂直な方向の運動に分解でき，回転運動の場合にも同様に，軸まわりおよび軸に垂直な軸まわりの回転運動に分解できる．

Tirado ら[1~3]は数値計算より，直径 d および長さ l の円柱状粒子に対して，軸に平行な方向の拡散係数 $D_{\parallel}^{T}$ と垂直な方向の拡散係数 $D_{\perp}^{T}$，ならびに重心を通る，軸に垂直な軸まわりの回転の拡散係数 D^{R} の近似式として，次式を得た．

$$D_{\perp}^{T}=\frac{kT}{\eta}\frac{1}{4\pi l}\left(\ln s+0.839+\frac{0.185}{s}+\frac{0.233}{s^{2}}\right) \tag{A3.1}$$

$$D_{\parallel}^{T}=\frac{kT}{\eta}\frac{1}{2\pi l}\left(\ln s-0.207+\frac{0.980}{s}-\frac{0.133}{s^{2}}\right) \tag{A3.2}$$

$$D^{R}=\frac{kT}{\eta}\frac{3}{\pi l^{3}}\left(\ln s-0.662+\frac{0.917}{s}-\frac{0.050}{s^{2}}\right) \tag{A3.3}$$

ここに，k はボルツマン定数，T は温度，η は母液の粘度，s は円柱の直径と長さの比で $s=l/d$ である．式 (A3.1)~(A3.3) は $2\leq s\leq 20$ に対して成り立つものである．

文　　献

1) M.M. Tirado and J.G. de la Torre, "Translational Friction Coefficients of Rigid, Symmetric Top Macromolecules: Application to Circular Cylinders", J. Chem. Phys., 71(1979), 2581.
2) M.M. Tirado and J.G. de la Torre, "Rotational Dynamics of Rigid, Symmetric Top Macromolecules: Application to Circular Cylinders", J. Chem. Phys., 73(1980), 1986.
3) M.M. Tirado, et al., "Comparison of Theories for the Translational and Rotational Diffusion Coefficients of Rod-like Macromolecules: Application to Short DNA Fragments", J. Chem. Phys., 81(1984), 2047.

A4

非一様分布な乱数の発生法

一様乱数列や基礎的な非一様乱数列の発生法は既に第2巻「分子動力学シミュレーション」で述べた．したがってここではブラウン動力学シミュレーションで有用な乱数発生法を示す[1]．

確率変数 x が次式で示す正規分布に従うならば，

$$f(x)=\frac{1}{\sigma(2\pi)^{1/2}}\exp\left\{\frac{-(x-\langle x\rangle)^2}{2\sigma^2}\right\} \qquad (-\infty<x<\infty) \tag{A4.1}$$

Box–Muller 法[2]により一様乱数 R_1 と R_2 より次のように得られる．

$$\left.\begin{aligned} x&=\langle x\rangle+(-2\sigma^2\ln R_1)^{1/2}\cos 2\pi R_2 \\ &\text{or} \\ &=\langle x\rangle+(-2\sigma^2\ln R_1)^{1/2}\sin 2\pi R_2 \end{aligned}\right\} \tag{A4.2}$$

ブラウン動力学シミュレーションの場合，次に示す2次元の正規分布の確率密度関数 $\rho(x,y)$ を取り扱わなければならない場合がある．

$$\begin{aligned}\rho(x,y)=\frac{1}{2\pi\sigma_x\sigma_y(1-c_{xy}^2)^{1/2}}\exp\Bigg[-\frac{1}{2(1-c_{xy}^2)}\Bigg\{&\frac{(x-\langle x\rangle)^2}{\sigma_x^2} \\ &-2c_{xy}\frac{(x-\langle x\rangle)}{\sigma_x}\cdot\frac{(y-\langle y\rangle)}{\sigma_y}+\frac{(y-\langle y\rangle)^2}{\sigma_y^2}\Bigg\}\Bigg]\end{aligned} \tag{A4.3}$$

ここに，$-\infty<x$，$y<\infty$，c_{xy} は $-1<c_{xy}<1$ を満たす定数である．

さて，式 (A4.3) を x で積分した式を $\hat{\rho}(y)$ とおけば，これは容易に計算できて次のようになる．

$$\hat{\rho}(y) = \int_{-\infty}^{\infty} \rho(x,y)\,dx = \frac{1}{(2\pi)^{1/2}\sigma_y} \exp\left\{ -\frac{(y-\langle y\rangle)^2}{2\sigma_y^2} \right\} \tag{A4.4}$$

この分布は平均値が $\langle y\rangle$ で分散がσ_y^2の正規分布である．式 (A4.2) の方法により，式 (A4.4) に従って yを決めると，

$$y = \langle y\rangle + (-2\sigma_y^2 \ln R_1)^{1/2} \cos 2\pi R_2 \tag{A4.5}$$

一方，yが与えられた場合，x は条件付き確率密度関数$\tilde{\rho}(x \mid y)$ から決めることができる．この式は式 (A4.3) と (A4.4) より次のように得られる．

$$\tilde{\rho}(x \mid y) = \rho(x,y)/\hat{\rho}(y) = \frac{1}{(2\pi)^{1/2}\sigma_x(1-c_{xy}^2)^{1/2}}$$
$$\times \exp\left[-\frac{1}{2\sigma_x^2(1-c_{xy}^2)} \left\{ (x-\langle x\rangle) - c_{xy}\frac{\sigma_x}{\sigma_y}(y-\langle y\rangle) \right\}^2 \right] \tag{A4.6}$$

ゆえに，式 (A4.2) より x が次のように得られる．

$$x = \langle x\rangle + c_{xy}\frac{\sigma_x}{\sigma_y}(y-\langle y\rangle) + (1-c_{xy}^2)^{1/2}(-2\sigma_x^2 \ln R_3)^{1/2} \cos 2\pi R_4 \tag{A4.7}$$

以上では yを先に決めてその後 x を決めたが，式 (A4.3) の x と yの対称性より，逆の順序で決めてもよいことは明らかである．

一般化ランジュバン方程式を用いるブラウン動力学シミュレーションの場合，確率変数 $x_1, x_2, \cdots, x_n$は次に示す n 次元の正規分布の確率密度関数$\rho(\boldsymbol{x})$ に従う[3]．

$$\rho(\boldsymbol{x}) = \frac{1}{\{(2\pi)^n \mid \boldsymbol{D} \mid\}^{1/2}} \exp\left(-\frac{1}{2}\boldsymbol{x}\cdot\boldsymbol{C}\cdot\boldsymbol{x} \right) \tag{A4.8}$$

ただし，$\boldsymbol{x}$は$\boldsymbol{x}=[x_1, x_2, \cdots, x_n]$ なるベクトルで，$\boldsymbol{D}$は$\boldsymbol{D}=[D_{ij}]$ なる行列で $D_{ij}=\langle x_i x_j\rangle$,$\boldsymbol{C}$は$\boldsymbol{D}$の逆行列で$\boldsymbol{C}=\boldsymbol{D}^{-1}$, $|\boldsymbol{D}|$ は行列式である．定義式から$\boldsymbol{D}$は対称行列で$\boldsymbol{D}^t=\boldsymbol{D}$であるから，$\boldsymbol{C}^t=\boldsymbol{C}$も成り立つ．また $\langle x_i\rangle=0(i=1,2,\cdots,n)$ とする．いま一般化ランジュバン方程式のランダム力を発生させる方法を考える．この場合，現時点より前のランダム力$\boldsymbol{x}' = [x_1, x_2, \cdots, x_{n-1}]$ が既知なので，$\boldsymbol{x}$が式 (A4.8) の確率密度関数を満足するような x_nの発生法を求めること

になる[3)]．$\boldsymbol{x}'$が既知であるから x_nは次の条件付き確率密度関数$\tilde{\rho}(x_n \mid \boldsymbol{x}')$ に従うことになる．

$$\tilde{\rho}(x_n \mid \boldsymbol{x}') = \rho(\boldsymbol{x})/\hat{\rho}(\boldsymbol{x}') \tag{A4.9}$$

ただし，

$$\hat{\rho}(\boldsymbol{x}') = \int_{-\infty}^{\infty} \rho(\boldsymbol{x})\, dx_n \tag{A4.10}$$

ここで，$\boldsymbol{C}'$を行列$\boldsymbol{C}$から n 行目と n 列目を除いた $(n-1)\times(n-1)$ の行列とし，$\boldsymbol{c}$を行列$\boldsymbol{C}$の n 行目を取り出して作った行ベクトルとし$\boldsymbol{c} = [C_{n1}, C_{n2}, \cdots, C_{nn}]$，さらに$\boldsymbol{c}' = [C_{n1}, C_{n2}, \cdots, C_{n,n-1}]$ とすれば，これらの記号を使って式 (A4.8) は次のように変形できる．

$$\rho(\boldsymbol{x}) = \frac{1}{\{(2\pi)^n \mid \boldsymbol{D} \mid\}^{1/2}} \exp\left(-\frac{1}{2}\boldsymbol{x}' \cdot \boldsymbol{C}' \cdot \boldsymbol{x}'\right) \times \exp\left(-\frac{1}{2}C_{nn}x_n^2 - \boldsymbol{x}' \cdot \boldsymbol{c}' x_n\right) \tag{A4.11}$$

したがって，$\hat{\rho}(\boldsymbol{x}')$ の式の積分項は容易に積分できて，結局次のようになる．

$$\hat{\rho}(\boldsymbol{x}') = \frac{1}{\{(2\pi)^n \mid \boldsymbol{D} \mid\}^{1/2}} \exp\left(-\frac{1}{2}\boldsymbol{x}' \cdot \boldsymbol{C}' \cdot \boldsymbol{x}'\right) \times \left(\frac{2\pi}{C_{nn}}\right)^{1/2} \exp\left(\frac{1}{2C_{nn}}(\boldsymbol{x}' \cdot \boldsymbol{c}')^2\right) \tag{A4.12}$$

この式と式 (A4.11) を式 (A4.9) に代入整理すれば，

$$\tilde{\rho}(x_n \mid \boldsymbol{x}') = \left(\frac{C_{nn}}{2\pi}\right)^{1/2} \exp\left\{-\frac{1}{2}C_{nn}\left(x_n + \frac{\boldsymbol{x}' \cdot \boldsymbol{c}'}{C_{nn}}\right)^2\right\} \tag{A4.13}$$

したがって，平均値がゼロ，分散が 1 なる正規分布から，式 (A4.2) に従って発生させた確率変数ζ_nを用いて，求める x_nが次のように得られる．

$$x_n = \frac{1}{C_{nn}^{1/2}}\zeta_n - \frac{1}{C_{nn}}\boldsymbol{x}' \cdot \boldsymbol{c}' \tag{A4.14}$$

$n = 2$ なる 2 次元の場合，この式が平均値をゼロとした (A4.7) に帰着することは，導出過程から明らかであり，容易に証明できる．

次に一般的な場合として，式 (A4.8) の n 次元正規分布に従う確率変数 $x_1, x_2, \cdots, x_n$の発生法を示す[1,4]．ただし，行列$\boldsymbol{D}, \boldsymbol{C}$等は前と同様の意味を有するとする．ここでは結果だけを示す．もし平均値がゼロ，分散が 1 なる正規分布から，式 (A4.2) に従って取り出した独立な確率変数を$\zeta_1, \zeta_2, \cdots, \zeta_n$とすれば，式 (A4.8) に示した n 次元の正規分布に従う確率変数 $x_1, x_2, \cdots, x_n$は次のように得られる．

$$x_i = \sum_{j=1}^{i} L_{ij}\zeta_j \quad (i = 1, 2, \cdots, n) \tag{A4.15}$$

ただし，

$$\left.\begin{aligned}
&L_{11} = D_{11}^{1/2} \\
&L_{i1} = D_{i1}/L_{11} && (i > 1) \\
&L_{ii} = (D_{ii} - \sum_{k=1}^{i-1} L_{ik}^2)^{1/2} && (i > 1) \\
&L_{ij} = (D_{ij} - \sum_{k=1}^{j-1} L_{ik}L_{jk})/L_{jj} && (i > j > 1)
\end{aligned}\right\} \tag{A4.16}$$

もし $n = 2$ ならば，式 (A4.15) が平均値をゼロとした式 (A4.7) に帰着することは容易に示すことができる．

上記の方法は行列$\boldsymbol{D}$が対称行列で正であるという条件の下で適用できる．行列$\boldsymbol{D}$が正であるという条件は，次に示すすべての部分行列の行列式が正であることと等価である．

$$D_{11} > 0\ , \quad \begin{vmatrix} D_{11} & D_{12} \\ D_{21} & D_{22} \end{vmatrix} > 0\ , \quad \begin{vmatrix} D_{11} & D_{12} & D_{13} \\ D_{21} & D_{22} & D_{23} \\ D_{31} & D_{32} & D_{33} \end{vmatrix} > 0\ , \ \cdots \tag{A4.17}$$

またこの条件は式 (A4.16) の L_{ii}を求める際，平方根が必ず実数となることを保証する．

文　献

1) M.P. Allen and D.J. Tildesley, "Computer Simulation of Liquids", pp.347-349, Clarendon Press, Oxford (1987).
2) G.E.P Box and M.E. Muller, "A Note on the Generation of Random Normal Deviates", Ann. Math. Stat., 29(1958), 610.
3) L.G. Nilsson and J.A. Padro, "A Time-Saving Algorithm for Generalized Langevin-Dynamics Simulations with Arbitrary Memory Kernels", Molec. Phys., 71(1990), 355.
4) D.L. Ermak and J.A. McCammon, "Brownian Dynamics with Hydrodynamic Interactions", J. Chem. Phys., 69(1978), 1352.

A5

強磁性コロイド分散系の力とトルクおよび粘度の計算のFORTRANサブルーチン

初期状態の設定や疑似乱数の発生などの，FORTRAN 言語による基礎的な計算プログラムの例は，第1巻「モンテカルロ・シミュレーション」と第2巻「分子動力学シミュレーション」で示したので，ここでは，第9.1.1項で示したモデル分散系の力，トルク，および，粘度の計算のサブルーチンを示す．このサブルーチンでは，式 (9.16)~(9.19) の無次元化された力とトルク，ならびに，式 (9.26) で示した無次元粘度が計算される．ITREE=1 としてサブルーチン FORCE を呼び出せば，粘度を計算せず，力とトルクのみが計算される．粘度も合わせて計算するには，ITREE=2 としてサブルーチン FORCE を呼び出せばよい．変数の意味はプログラムの最初のコメント文にて説明しているので，容易に理解できるものと思われるが，主だったものを挙げると次のようになる．

RX(I), RY(I), RZ(I) :粒子 i の位置ベクトル$\boldsymbol{r}_i^*$の成分

NX(I), NY(I), NZ(I) :粒子 i の磁気モーメントの方向$\boldsymbol{n}_i^*$の成分

FX(I), FY(I), FZ(I) :粒子 i に作用する力$\boldsymbol{F}_i^*$の成分

TORQX(I), TORQY(I), TORQZ(I)
:粒子 i に作用するトルク$\boldsymbol{T}_i^*$の成分

RM, RH, RV :R_m, R_H, R_V

作用反作用の法則を考慮して，DO 100 I=1,N-1; DO 50 J=I+1,N となっている．行番号 1040~1140 では Lees-Edwards の移動周期境界条件の処理を

行っている．行番号 1470~1520 では，界面活性剤層が重なったときのみ，斥力の計算をする．行番号 1990~2140 では，残っていた磁場によるトルクを計算し，最終的なトルクの値を求めている．

このサブルーチンは読者にわかりやすく書かれている．したがって，読者がこのサブルーチンを用いる場合，例えば，行番号 1790~1810 で (3.D0*C2) の計算を 3 度行っているような処理は，1 度のみの計算に最適化する必要がある．ただし，コンパイラーがこの程度のことは自動的に処理して，最適化してくれるかもしれない．

この FORTRAN サブルーチンは，インターネットを介して，anonymous ftp によって入手できるようになっている．手続きは次のとおりである．

```
ftp 133.82.179.88
anonymous
⟨name⟩
cd book96dir
get book96c.for
quit
```

以上の ⟨name⟩ には各自の名前を入力されたい．なお，ここで示したサブルーチンを流用する場合，得られた結果については各自が責任を負うものとする．

```
00010 C*******************************************************************
00020 C*    THIS SUBROUTINE IS FOR CALCULATING FORCES AND TORQUES         *
00030 C*    FOR A PARTICLE MODEL WITH A POINT DIPOLE MOMENT.              *
00040 C*-----------------------------------------------------------------*
00050 C*    N      : NUMBER OF PARTICLES                                  *
00060 C*    D      : DIAMETER OF PARTICLE INCLUDING SURFACTANT LAYER      *
00070 C*             ( =2 FOR THIS CASE )                                 *
00080 C*    NDENS : NUMBER DENSITY                                        *
00090 C*    RM     : NONDIMENSIONAL PARAMETER OF PARTICLE-PARTICLE INTERACT *
00100 C*             (MAGNETIC PARTICLE-PARTICLE FORCE) / (VISCOUS FORCE)  *
00110 C*    RH     : NONDIMENSIONAL PARAMETER OF FIELD-PARTICLE INTERACT   *
00120 C*             (MAGNETIC FIELD-PARTICLE FORCE) / (VISCOUS FORCE)     *
00130 C*    RV     : NONDIMENSIONAL PARAMETER OF PARTICLE-PARTICLE INTERACT *
00140 C*             (STERIC PARTICLE-PARTICLE FORCE) / (VISCOUS FORCE)    *
00150 C*    RCOFF : CUTOFF RADIUS FOR CALCULATION OF INTERACTION          *
00160 C*    RCOFF2: 2*RCOFF                                                *
00170 C*    RCOFFMOB : CUTOFF RADIUS FOR CALCULATION OF MOBILITY FUNCTIONS *
00180 C*    L      : DIMENSIONS OF SIMULATION REGION                       *
```

```
00190 C*     H       : TIME INTERVAL FOR SIMULATIONS                                *
00200 C*     TM      : THICKNESS OF SURFACTANT LAYER                                *
00210 C*     (HX,HY,HZ)          : APPLIED MAGNETIC FIELD (UNIT VECTOR)             *
00220 C*                                                                            *
00230 C*     RX(N),RY(N),RZ(N)  : PARTICLE POSITION (-L/2<RX,RY,RZ<L/2)           *
00240 C*     NX(N),NY(N),NZ(N)  : DIRECTION OF MAGNETIC MOMENT                     *
00250 C*     FX(N),FY(N),FZ(N)  : PARTICLE FORCE                                   *
00260 C*     TORQX(N),TORQY(N),TORQZ(N) : PARTICLE TORQUE                          *
00270 C*     VISYXMM,VISYXMH,VISXYMM,VISXYMH : VISCOSITIES                          *
00280 C*     DX,CORY : LEES-EDWARDS BOUNDARY CONDITION                              *
00290 C*****************************************************************************
00300 C
00310 C              --- CALCULATE FORCES AND TORQUES, WITHOUT VISCOSITIES ---
00320 CCC    ITREE = 1
00330 CCC    CALL FORCE( RCOFF2,ITREE,VISYXMM,VISYXMH,VISXYMM,VISXYMH )
00340 C                        --- CALCULATE FORCES, TORQUES AND VISCOSITIES ---
00350 CCC    ITREE = 2
00360 CCC    CALL FORCE( RCOFF2,ITREE,VISYXMM,VISYXMH,VISXYMM,VISXYMH )
00370 C
00380 C**** SUB FORCE *****
00390        SUBROUTINE FORCE( RCOFF2,ITREE,VISYXMM,VISYXMH,VISXYMM,VISXYMH )
00400 C
00410        IMPLICIT REAL*8 (A-H,O-Z)
00420 C
00430        COMMON /BLOCK1/  RX , RY , RZ
00440        COMMON /BLOCK2/  NX , NY , NZ
00450        COMMON /BLOCK5/  FX , FY , FZ
00460        COMMON /BLOCK6/  TORQX , TORQY , TORQZ
00470        COMMON /BLOCK7/  N , NDENS , RCOFF ,  L , H , TM , D , RCOFFMOB
00480        COMMON /BLOCK8/  RM , RH , RV , HX , HY , HZ
00490        COMMON /BLOCK19/ DX , CORY
00500 C
00510        INTEGER  NN
00520        PARAMETER( NN=1000 , PI=3.141592653589793D0 )
00530 C
00540 C
00550        REAL*8   RX(NN) , RY(NN) , RZ(NN) , NX(NN) , NY(NN) , NZ(NN)
00560        REAL*8   FX(NN) , FY(NN) , FZ(NN)
00570        REAL*8   TORQX(NN) , TORQY(NN) , TORQZ(NN)
00580        REAL*8   NDENS  , L
00590 C
00600        REAL*8   RXI , RYI , RZI , RXIJ , RYIJ , RZIJ
00610        REAL*8   NXI , NYI , NZI , NXJ  , NYJ  , NZJ
00620        REAL*8   FXI , FYI , FZI , FXIJ , FYIJ , FZIJ
00630        REAL*8   TORQXI , TORQYI , TORQZI , TORQXIJ , TORQYIJ , TORQZIJ
00640        REAL*8   TXIJ , TYIJ , TZIJ , RIJ , RIJ2 , RIJ3 , RIJ4
00650        REAL*8   RM8, RMN, RMN2
00660        REAL*8   C0 , C1 , C2 , C3 , C1X , C1Y , C1Z , C2X , C2Y, C2Z
00670 C
00680        RM8  = 8.D0*RM
00690        RMN  = 2.D0/(1.D0+TM)
00700        RMN2 = RMN**2
00710        DO 10 I=1,N
00720          FX(I) = 0.D0
00730          FY(I) = 0.D0
00740          FZ(I) = 0.D0
00750          TORQX(I) = 0.D0
00760          TORQY(I) = 0.D0
00770          TORQZ(I) = 0.D0
00780     10 CONTINUE
00790        IF( ITREE .EQ. 2 ) THEN
00800          VISYXMM = 0.D0
00810          VISYXMH = 0.D0
```

```
00820         VISXYMM = 0.D0
00830         VISXYMH = 0.D0
00840       END IF
00850 C
00860 C
00870       DO 100 I=1,N-1
00880 C
00890         RXI = RX(I)
00900         RYI = RY(I)
00910         RZI = RZ(I)
00920         NXI = NX(I)
00930         NYI = NY(I)
00940         NZI = NZ(I)
00950         FXI = FX(I)
00960         FYI = FY(I)
00970         FZI = FZ(I)
00980         TORQXI = TORQX(I)
00990         TORQYI = TORQY(I)
01000         TORQZI = TORQZ(I)
01010 C
01020         DO 50 J=I+1,N
01030 C
01040           RZIJ = RZI  - RZ(J)
01050           RZIJ = RZIJ - DNINT(RZIJ/L)*L
01060           IF( DABS(RZIJ) .GE. RCOFF )      GOTO 50
01070           RXIJ  = RXI  - RX(J)
01080           RYIJ  = RYI  - RY(J)
01090           CORY  = - DNINT( RYIJ/L )
01100           RYIJ  = RYIJ + CORY*L
01110           IF( DABS(RYIJ) .GE. RCOFF )      GOTO 50
01120           RXIJ  = RXIJ + CORY*DX
01130           RXIJ  = RXIJ - DNINT( RXIJ/L )*L
01140           IF( DABS(RXIJ) .GE. RCOFF )      GOTO 50
01150 C
01160           RIJ2  = RXIJ*RXIJ + RYIJ*RYIJ + RZIJ*RZIJ
01170           IF( RIJ2 .GE. RCOFF2 )           GOTO 50
01180 C
01190           IF( RIJ2 .LT. RMN2 ) THEN
01200             RIJ  = DSQRT(RIJ2)
01210             RXIJ = RMN*RXIJ/RIJ
01220             RYIJ = RMN*RYIJ/RIJ
01230             RZIJ = RMN*RZIJ/RIJ
01240             RIJ2 = RMN2
01250           END IF
01260           RIJ  = DSQRT(RIJ2)
01270           RIJ3 = RIJ*RIJ2
01280           RIJ4 = RIJ2**2
01290           TXIJ = RXIJ/RIJ
01300           TYIJ = RYIJ/RIJ
01310           TZIJ = RZIJ/RIJ
01320           NXJ = NX(J)
01330           NYJ = NY(J)
01340           NZJ = NZ(J)
01350 C
01360           C1   = NXI*NXJ   + NYI*NYJ   + NZI*NZJ
01370           C2   = NXI*TXIJ  + NYI*TYIJ  + NZI*TZIJ
01380           C3   = NXJ*TXIJ  + NYJ*TYIJ  + NZJ*TZIJ
01390 C                                       --- MAGNETIC FORCE ---
01400           FXIJ = - ( RM8/RIJ4) * (  ( - C1 + 5.D0*C2*C3 )*TXIJ
01410      &                                - ( C3*NXI + C2*NXJ )  )
01420           FYIJ = - ( RM8/RIJ4) * (  ( - C1 + 5.D0*C2*C3 )*TYIJ
01430      &                                - ( C3*NYI + C2*NYJ )  )
01440           FZIJ = - ( RM8/RIJ4) * (  ( - C1 + 5.D0*C2*C3 )*TZIJ
```

```
01450      &                                          - ( C3*NZI + C2*NZJ )  )
01460 C                                               --- STERIC REPULSION ---
01470             IF( RIJ .LT. 2.D0 ) THEN
01480                C0 = DLOG( 2.D0 / RIJ )
01490                FXIJ = FXIJ + RV*TXIJ*C0
01500                FYIJ = FYIJ + RV*TYIJ*C0
01510                FZIJ = FZIJ + RV*TZIJ*C0
01520             END IF
01530 C
01540             FXI  = FXI  + FXIJ
01550             FYI  = FYI  + FYIJ
01560             FZI  = FZI  + FZIJ
01570 C
01580             FX(J) = FX(J) - FXIJ
01590             FY(J) = FY(J) - FYIJ
01600             FZ(J) = FZ(J) - FZIJ
01610 C                                               --- PART OF TORQUES ---
01620             C1X   =  NYI*NZJ  - NZI*NYJ
01630             C1Y   =  NZI*NXJ  - NXI*NZJ
01640             C1Z   =  NXI*NYJ  - NYI*NXJ
01650             C2X   =  NYI*TZIJ - NZI*TYIJ
01660             C2Y   =  NZI*TXIJ - NXI*TZIJ
01670             C2Z   =  NXI*TYIJ - NYI*TXIJ
01680 C
01690             TORQXIJ = - ( C1X - 3.D0*C3*C2X )/RIJ3
01700             TORQYIJ = - ( C1Y - 3.D0*C3*C2Y )/RIJ3
01710             TORQZIJ = - ( C1Z - 3.D0*C3*C2Z )/RIJ3
01720             TORQXI  = TORQXI + TORQXIJ
01730             TORQYI  = TORQYI + TORQYIJ
01740             TORQZI  = TORQZI + TORQZIJ
01750 C
01760             C2X   =  NYJ*TZIJ - NZJ*TYIJ
01770             C2Y   =  NZJ*TXIJ - NXJ*TZIJ
01780             C2Z   =  NXJ*TYIJ - NYJ*TXIJ
01790             TORQX(J) = TORQX(J) - ( -C1X - 3.D0*C2*C2X )/RIJ3
01800             TORQY(J) = TORQY(J) - ( -C1Y - 3.D0*C2*C2Y )/RIJ3
01810             TORQZ(J) = TORQZ(J) - ( -C1Z - 3.D0*C2*C2Z )/RIJ3
01820 C                                               --- CAL. VISCOSITIES ---
01830             IF( ITREE .EQ. 2 ) THEN
01840               VISYXMM = VISYXMM + RYIJ*FXIJ
01850               VISXYMM = VISXYMM + RXIJ*FYIJ
01860             END IF
01870 C
01880    50    CONTINUE
01890 C
01900          FX(I) = FXI
01910          FY(I) = FYI
01920          FZ(I) = FZI
01930          TORQX(I) = TORQXI
01940          TORQY(I) = TORQYI
01950          TORQZ(I) = TORQZI
01960 C
01970   100 CONTINUE
01980 C                                            --- FINAL FORM OF TORQUES ---
01990       DO 120 I=1,N
02000          NXI = NX(I)
02010          NYI = NY(I)
02020          NZI = NZ(I)
02030          C1X    =  NYI*HZ  - NZI*HY
02040          C1Y    =  NZI*HX  - NXI*HZ
02050          C1Z    =  NXI*HY  - NYI*HX
02060 C
02070          TORQX(I) = RM*TORQX(I)*2.D0 + RH*C1X
```

```
02080           TORQY(I) = RM*TORQY(I)*2.D0 + RH*C1Y
02090           TORQZ(I) = RM*TORQZ(I)*2.D0 + RH*C1Z
02100 C                                                   --- CAL. VISCOSITIES ---
02110           IF( ITREE .EQ. 2 ) THEN
02120             VISYXMH = VISYXMH + TORQZ(I)
02130           END IF
02140   120 CONTINUE
02150         IF( ITREE .EQ. 2 ) THEN
02160           VISYXMM = - VISYXMM*(6.D0*PI)/L**3
02170           VISXYMM = - VISXYMM*(6.D0*PI)/L**3
02180           VISYXMH =   VISYXMH*(4.D0*PI)/L**3
02190           VISXYMH = - VISYXMH
02200         END IF
02210                                                                     RETURN
02220                                                                     END
```

索　　引

ア　行

カ　行

サ　行

タ　行

ナ 行

ハ 行

マ 行

ヤ 行

ラ 行

著者略歴

神山新一（Prof. S. Kamiyama）

1962年　東北大学大学院工学研究科博士課程修了（工学博士）
現　在　東北大学流体科学研究所教授
専　門　流体工学，磁性流体工学，電磁流体，気液二相流，機能・知能流体

佐藤　明（Dr. A. Satoh）

1989年　東北大学大学院工学研究科博士課程修了（工学博士）
現　在　千葉大学工学部機械工学科助手
専　門　分子シミュレーション，磁性流体工学，コロイド物理工学，ミクロ熱流体

分子シミュレーション講座
流体ミクロ・シミュレーション（新装版）　定価はカバーに表示

1997年5月10日　初　版第1刷
2020年1月5日　新装版第1刷

著　者　神　山　新　一
　　　　佐　藤　　　明
発行者　朝　倉　誠　造
発行所　株式会社　朝　倉　書　店
東京都新宿区新小川町 6-29
郵便番号　162-8707
電　話　03（3260）0141
FAX　03（3260）0180
http://www.asakura.co.jp

〈検印省略〉

三美印刷・渡辺製本

ISBN 978-4-254-12251-0　C 3341

Printed in Japan